国家自然科学基金
理论物理专款资助

"十三五"国家重点出版物出版规划项目

21 世纪理论物理及其交叉学科前沿丛书

微纳磁电子学

夏建白　文宏玉　编著

科学出版社

北　京

内 容 简 介

　　磁学是一门古老的学科,已有几百年的发展历史。过去磁学主要研究块体的顺磁体和铁磁体,铁磁体也就是永磁体是发电机的关键部件,而顺磁体(软磁材料)是变压器的关键部件。电气化对一个国家的经济有重大意义,因此提高和改进块磁体的性能永远是磁学研究者的责任。另外,近年发展起来的微纳磁体与微电子技术:磁存储器和传感器技术密切相关。磁随机存储器(MRAM)有可能代替半导体存储器,成为新一代的非易失性的存储器。从基础研究的角度看,做 MRAM 的磁性材料虽然还是通常所说的铁磁体,但体积要小多了,是微米甚至纳米尺度。它们和块体材料不同,其中没有磁畴,能够做成单晶。“磁畴”的存在给材料的理论研究带来了困难,所以以往的磁体理论只能是定性的。而微纳磁体是单晶,就可以用一个统一的物理量 M 描述其中的磁化,并且 M 的运动可以用一个宏观方程——LLG 方程描述,使得我们可以像处理半导体中电子态那样,精确地处理微纳磁体中 M 的运动规律。本书研究微磁体中的电子学,利用 LLG 方程研究微纳磁体中 M 运动规律的理论和方法,为研制 MRAM 及其他磁电子器件提供理论基础。

　　本书适合半导体物理、凝聚态物理以及广大基础物理领域的研究生、科研工作者学习与参考。

图书在版编目(CIP)数据

微纳磁电子学/夏建白,文宏玉编著. —北京:科学出版社,2020. 3
　(21 世纪理论物理及其交叉学科前沿丛书)
　“十三五”国家重点出版物出版规划项目
　ISBN 978-7-03-064345-2

　Ⅰ. ①微…　Ⅱ. ①夏…　②文…　Ⅲ. ①纳米材料-应用-磁电效应-电子学-研究　Ⅳ. ①TN01

中国版本图书馆 CIP 数据核字 (2020) 第 021566 号

责任编辑: 钱　俊　崔慧娴/责任校对: 彭珍珍
责任印制: 吴兆东/封面设计: 无极书装

科　学　出　版　社出版
北京东黄城根北街 16 号
邮政编码: 100717
http://www.sciencep.com

北京建宏印刷有限公司 印刷
科学出版社发行　各地新华书店经销
*
2020 年 3 月第 一 版　　开本: 720×1000　B5
2021 年 3 月第三次印刷　印张: 10 3/4
字数: 192 000

定价: **88.00** 元
(如有印装质量问题, 我社负责调换)

《21世纪理论物理及其交叉学科前沿丛书》
出 版 前 言

物理学是研究物质及其运动规律的基础科学。其研究内容可以概括为两个方面：第一，在更高的能量标度和更小的时空尺度上，探索物质世界的深层次结构及其相互作用规律；第二，面对由大量个体组元构成的复杂体系，探索超越个体特性"演生"出来的有序和合作现象。这两个方面代表了两种基本的科学观——还原论 (reductionism) 和演生论 (emergence)。前者把物质性质归结为其微观组元间的相互作用，旨在建立从微观出发的终极统一理论，是一代又一代物理学家的科学梦想；后者强调多体系统的整体有序和合作效应，把不同层次"演生"出来的规律当成自然界的基本规律加以探索。它涉及从固体系统到生命软凝聚态等各种多体系统，直接联系关乎日常生活的实际应用。

现代物理学通常从理论和实验两个角度探索以上的重大科学问题。利用科学实验方法，通过对自然界的主动观测，辅以理论模型或哲学上思考，先提出初步的科学理论假设，然后借助进一步的实验对此进行判定性检验。最后，据此用严格的数学语言精确、定量表达一般的科学规律，并由此预言更多新的、可以被实验再检验的物理效应。当现有的理论无法解释一批新的实验发现时，物理学就要面临前所未有的挑战，有可能产生重大突破，诞生新理论。新的理论在解释已有实验结果的同时，还将给出更一般的理论预言，引发新的实验研究。物理学研究这些内禀特征，决定了理论物理学作为一门独立学科存在的必要性以及在当代自然科学中的核心地位。

理论物理学立足于科学实验和观察，借助数学工具、逻辑推理和观念思辨，研究物质的时空存在形式及其相互作用规律，从中概括和归纳出具有普遍意义的基本理论。由此不仅可以描述和解释自然界已知的各种物理现象，而且还能够预言此前未知的物理效应。需要指出，理论物理学通过当代数学语言和思想框架，使得物理定律得到更为准确的描述。沿循这个规律，作为理论物理学最基础的部分，20世纪初诞生的相对论和量子力学今天业已成为当代自然科学的两大支柱，奠定了理论物理学在现代科学中的核心地位。统计物理学基于概率统计和随机性的思想处理多粒子体系的运动，是二者的必要补充。量子规范场论从对称性的角度描述微观粒子的基本相互作用，为自然界四种基本相互作用的统一提供坚实的基础。

关于理论物理的重要作用和学科发展趋势，我们分以下六点简述。

(1) 理论物理研究纵深且广泛，其理论立足于全部实验的总和之上。由于物质结构是分层次的，每个层次上都有自己的基本规律，不同层次上的规律又是互相联系的。物质层次结构及其运动规律的基础性、多样性和复杂性不仅为理论物理学提供了丰富的研究对象，而且对理论物理学家提出巨大的智力挑战，激发出人类探索自然的强大动力。因此，理论物理这种高度概括的综合性研究，具有显著的多学科交叉与知识原创的特点。在理论物理中，有的学科 (诸如粒子物理、凝聚态物理等) 与实验研究关系十分密切，但还有一些更加基础的领域 (如统计物理、引力理论和量子基础理论)，它们一时并不直接涉及实验。虽然物理学本身是一门实验科学，但物理理论是立足于长时间全部实验总和之上，而不是只针对个别实验。虽然理论正确与否必须落实到实验检验上，但在物理学发展过程中，有的阶段性理论研究和纯理论探索性研究，开始不必过分强调具体的实验检验。其实，产生重大科学突破甚至科学革命的广义相对论、规范场论和玻色–爱因斯坦凝聚就是这方面的典型例证，它们从纯理论出发，实验验证却等待了几十年，甚至近百年。近百年前爱因斯坦广义相对论预言了一种以光速传播的时空波动——引力波。直到 2016 年 2 月，美国科学家才宣布人类首次直接探测到引力波。引力波的预言是理论物理发展的里程碑，它的观察发现将开创一个崭新的引力波天文学研究领域，更深刻地揭示宇宙奥秘。

(2) 面对当代实验科学日趋复杂的技术挑战和巨大经费需求，理论物理对物理学的引领作用必不可少。第二次世界大战后，基于大型加速器的粒子物理学开创了大科学工程的新时代，也使得物理学发展面临经费需求的巨大挑战。因此，伴随着实验和理论对物理学发展发挥的作用有了明显的差异变化，理论物理高屋建瓴的指导作用日趋重要。在高能物理领域，轻子和夸克只能有三代是纯理论的结果，顶夸克和最近在大型强子对撞机 (LHC) 发现的 Higgs 粒子首先来自理论预言。当今高能物理实验基本上都是在理论指导下设计进行的，没有理论上的动机和指导，高能物理实验如同大海捞针，无从下手。可以说，每一个大型粒子对撞机和其他大型实验装置，都与一个具体理论密切相关。天体宇宙学的观测更是如此。天文观测只会给出一些初步的宇宙信息，但其物理解释必依赖于具体的理论模型。宇宙的演化只有一次，其初态和末态迄今都是未知的。宇宙学的研究不能像通常的物理实验那样，不可能为获得其演化的信息任意调整其初末态。因此，仅仅基于观测，不可能构造完全合理的宇宙模型。要对宇宙的演化有真正的了解，建立自洽的宇宙学模型和理论，就必须立足于粒子物理和广义相对论等物理理论。

(3) 理论物理学本质上是一门交叉综合科学。大家知道，量子力学作为 20 世纪的奠基性科学理论之一，是人们理解微观世界运动规律的现代物理基础。它的建立，带来了以激光、半导体和核能为代表的新技术革命，深刻地影响了人类的物质、精神生活，已成为社会经济发展的原动力之一。然而，量子力学基础却存在诸多的争议,哥本哈根学派对量子力学的"标准"诠释遭遇诸多挑战。不过这些学术争论不仅促进了量子理论自身发展,而且促使量子力学走向交叉科学领域,使得量子物理从观测解释阶段进入自主调控的新时代,从此量子世界从自在之物变成为我之物。近二十年来,理论物理学在综合交叉方面的重要进展是量子物理与信息计算科学的交叉,由此形成了以量子计算、量子通信和量子精密测量为主体的量子信息科学。它充分利用量子力学基本原理,基于独特的量子相干进行计算、编码、信息传输和精密测量,探索突破芯片极限、保证信息安全的新概念和新思路。统计物理学为理论物理研究开拓了跨度更大的交叉综合领域,如生物物理和软凝聚态物理。统计物理的思想和方法不断地被应用到各种新的领域,对其基本理论和自身发展提出了更高的要求。由于软物质是在自然界中存在的最广泛的复杂凝聚态物质,它处于固体和理想流体之间,与人们的日常生活及工业技术密切相关。例如,水是一种软凝聚态物质,其研究涉及的基础科学问题关乎人类社会今天面对的水资源危机。

(4) 理论物理学在具体系统应用中实现创新发展,并在基本层次上回馈自身。从量子力学和统计物理对固体系统的具体应用开始,近半个世纪以来凝聚态物理学业已发展成当代物理学最大的一个分支。它不仅是材料、信息和能源科学的基础,也与化学和生物等学科交叉与融合,而其中发现的新现象、新效应,都有可能导致凝聚态物理一个新的学科方向或领域的诞生,为理论物理研究展现了更加广阔的前景。一方面,凝聚态物理自身理论发展异常迅猛和广泛,描述半导体和金属的能带论和费米液体理论为电子学、计算机和信息等学科的发展奠定了理论基础;另一方面,从凝聚态理论研究提炼出来的普适的概念和方法,对包括高能物理在内的其他物理学科的发展也起到了重要的推动作用。BCS 超导理论中的自发对称破缺概念,被应用到描述电弱相互作用统一的 Yang-Mills 规范场论,导致了中间玻色子质量演生的 Higgs 机制,这是理论物理学发展的又一个重要里程碑。近二十年来,在凝聚态物理领域,有大量新型低维材料的合成和发现,有特殊功能的量子器件的设计和实现,有高温超导和拓扑绝缘体等大量新奇量子现象的展示。这些现象不能在以单体近似为前提的费米液体理论框架下得到解释,新的理论框架建立已迫在眉睫,如果成功将使凝聚态物理的基础及应用研究跨上一个新的历史台阶,也将理论物理的引领作用发挥到极致。

(5) 理论物理的一个重要发展趋势是理论模型与强大的现代计算手段相结合。面对纷繁复杂的物质世界 (如强关联物质和复杂系统),简单可解析求解的理论物理模型不足以涵盖复杂物质结构的全部特征,如非微扰和高度非线性。现代计算机的发明和快速发展提供了解决这些复杂问题的强大工具。辅以面向对象的科学计算方法 (如第一原理计算、蒙特卡罗方法和精确对角化技术),复杂理论模型的近似求解将达到极高的精度,可以逐渐逼近真实的物质运动规律。因此,在解析手段无法胜任解决复杂问题任务时,理论物理必须通过数值分析和模拟的办法,使得理论预言进一步定量化和精密化。这方面的研究导致了计算物理这一重要学科分支的形成,成为连接物理实验和理论模型必不可少的纽带。

(6) 理论物理学将在国防安全等国家重大需求上发挥更多作用。大家知道,无论决胜第二次世界大战、冷战时代的战略平衡,还是中国国家战略地位提升,理论物理学在满足国家重大战略需求方面发挥了不可替代的作用。爱因斯坦、奥本海默、费米、彭桓武、于敏、周光召等理论物理学家也因此彪炳史册。与战略武器发展息息相关,第二次世界大战后开启了物理学大科学工程的新时代,基于大型加速器的重大科学发现反过来为理论物理学提供广阔的用武之地,如标准模型的建立。国防安全方面等国家重大需求往往会提出自由探索不易提出的基础科学问题,在对理论物理提出新挑战的同时,也为理论物理研究提供了源头创新的平台。因此,理论物理也要针对国民经济发展和国防安全方面等国家重大需求,凝练和发掘自己能够发挥关键作用的科学问题,在实践应用和理论原始创新方面取得重大突破。

为了全方位支持我国理论物理事业长足发展,1993年国家自然科学基金委员会设立“理论物理专款”,并成立学术领导小组 (首届组长是我国著名理论物理学家彭桓武先生)。多年来,这个学术领导小组凝聚了我国理论物理学家集体智慧,不断探索符合理论物理特点和发展规律的资助模式,培养理论物理优秀创新人才做出杰出的研究成果,对国民经济和科技战略决策提供指导和咨询。为了更全面地支持我国的理论物理事业,“理论物理专款”持续资助我们编辑出版这套《21世纪理论物理及其交叉学科前沿丛书》,目的是要系统全面介绍现代理论物理及其交叉领域的基本内容及其学科前沿发展,以及中国理论物理学家科学贡献和所取得的主要进展。希望这套丛书能帮助大学生、研究生、博士后、青年教师和研究人员全面了解理论物理学研究进展,培养对物理学研究的兴趣,迅速进入理论物理前沿研究领域,同时吸引更多的年轻人献身理论物理学事业,为我国的科学研究在国际上占有一席之地作出自己的贡献。

孙昌璞

中国科学院院士,发展中国家科学院院士

国家自然科学基金委员会“理论物理专款”学术领导小组组长

前　言

基于自旋转移力矩效应的 STT-MRAM 自旋芯片具有数据非易失性、寿命长、低功耗、抗辐射等诸多优点，并具有逻辑运算的功能，能够用来制造非易失性储存器/触发器芯片 (non-volatile latch/flip-flop)、非易失性加法器芯片 (non-volatile adder)、非易失性查找表 (non-volatile look-up table，LUT) 和自旋逻辑芯片 (spin-logic)，带来未来芯片技术的革命，并在工业自动化、嵌入式计算、网络和数据存储、卫星航天等重要的民生和国防领域具有巨大和潜在的应用价值。

2014 年由美国半导体研究合作协会 (Semiconductor Research Corporation) 和美国国防部高级研究计划局 (DARPA) 共同投资近 3000 万美元成立了一个由明尼苏达大学牵头的有十几所大学和公司参加的国家自旋芯片研究中心 (the Center for Spintronic Materials，Interfaces，and Novel Architectures，C-SPIN)，专注于开发下一代微电子自旋芯片，其中大学的合作伙伴包括明尼苏达双城大学、卡耐基·梅隆大学、康奈尔大学、麻省理工学院、约翰·霍普金斯大学和美国加利福尼亚大学河滨分校。行业合作伙伴包括 IBM、应用材料、英特尔、德州仪器和美光科技。

2002~2010 年 MagIC 公司持续投资超过 5 亿美元，建立了 8in MRAM 生产线，进行了 64M STT-MRAM 芯片的产品开发。2009 年 11 月韩国政府资助三星和现代公司 4000 万美元用于联合研发 STT-MRAM，该项目持续至 2014 年，目的是到 2015 年控制约 45% 的存储芯片市场。2012 年 11 月 Ever Spin 公司开始推出 64 Mbit STT-MRAM 的试用芯片。2013 年 Crocus 和 Rusnano 科技公司宣布共同投资 3 亿美元在莫斯科建设基于 90nm 工艺 TAS-MRAM 的生产线；预计 2014 年 MRAM 的晶圆产量可达到 2000 片/月。2013 年美国的美光科技和日本的东电电子等 20 多家日美半导体相关企业宣称将共同开发第二代 STT-MRAM 存储器的量产技术。相比目前的存储器，第二代存储器的存储容量将提高至 10 倍，而电子设备的耗电量将减少至约 2/3，力争 2016 年度确立技术，美光科技将于 2018 年启动量产。据赵建华研究员最近在美国参加有关国际会议时得到消息：MRAM 即将量产。

中国科学院物理研究所、中国科学院半导体研究所、南京大学、北京大学、清华大学、北京科技大学、成都电子科技大学，山东大学等较早地开展了自旋电子学的基础和应用基础研究。

中国科学院物理研究所：MRAM 器件设计研发方面获中国发明专利 12 项，美国专利 3 项和日本专利 1 项。2006 年传统型 16bit×16bit MRAM 演示器件通过鉴定, 在国际上首次设计和制备出采用外直径为 100nm 环状磁性隧道结为存储单元, 并采用自旋极化电流直接驱动的新型 4bit×4bit nano-ring MRAM 原理型演示器件。其纳米环磁随机存储器等多种设计具有自主知识产权。

中国科学院半导体研究所: 在探索与主流半导体兼容的高品质垂直磁化薄膜材料方面取得了突破性进展, 在半导体 GaAs 衬底上成功外延生长出垂直磁各向异性 L_{10}-MnGa 和 L_{10}-MnAl 单晶薄膜, 这类不含贵金属和稀土的薄膜在室温环境中具有超大垂直磁各向异性能、超低磁阻尼因子、高居里温度、高磁能积、可调谐饱和磁矩和高自旋极化度等一系列优异特性, 在超高密度和磁化翻转临界电流密度 MRAM 器件方面具有重要的应用前景。

宜昌东方微磁科技有限公司及杭州电子科技大学: 拥有一项美国发明专利授权的磁电子传感器芯片核心技术, 并申请了两项相关的中国发明专利, 2009 年推出单极 GMR 集成传感器产品。2010 年 7 月将推出 SS 系列双极 GMR 集成传感器产品。计划推出光电耦合器件兼容的 GMR/MTJ(磁隧道结) 磁电隔离耦合器件。

成都电子科技大学: 研发了磁旋转编码器、位移传感器、角度传感器, 实现了 MRAM 原型器件的设计和研制。

最近, 北京航空航天大学成立自旋电子交叉学科研究中心, 重点研发 MRAM 器件, 上海磁宇信息科技有限公司、中电海康集团有限公司相继投入力量进行 MRAM 产业化研发。江苏多维科技有限公司和宁波深圳等地的公司也开始生产低端 TMR 传感器器件。相对国外, 我国基础研究还有一定的基础与成果, 但产业化基础十分薄弱, 与国外差距甚大, 起步迟, 投入少, 急需国家大力支持。因此本书的第一个目的就是为中国 MRAM 的研究和发展提供一些理论基础。

磁学是一门古老的学科, 已有几百年的发展历史。过去磁学主要研究块体的顺磁体和铁磁体, 铁磁体也就是永磁体, 是发电机的关键部件, 而顺磁体 (软磁材料) 是变压器的关键部件。电气化对一个国家的经济有重大意义, 因此提高和改进块磁体的性能永远是磁学研究者的责任。另一方面微小磁体与磁存储器和存储器技术密切相关。1949 年哈佛大学王安发明了基于微小的铁氧体环的器件——"磁芯", 制造了非易失性的磁芯存储器, 在 20 世纪 60 年代成为最重要的计算机存储器, 后来被半导体存储器代替。今天 MRAM 有可能再次代替半导体存储器, 成为新一代的非易失性的存储器。

从基础研究的角度看, 做 MRAM 的磁性材料虽然还是通常所说的铁磁体, 但体积要小多了, 是微米甚至纳米尺度。它们和块体材料不同, 其中没有磁畴, 能够做成单晶。"磁畴" 的存在给材料的理论研究带来了困难, 磁畴边界总在动, 各个磁畴中的磁化方向不一致, 无法用统一的物理量描述, 所以以往的磁体理论只能是定性的。而微纳磁体是单晶, 就可以用一个统一的物理量 M 描述其中的磁化, 并且 M 的运动可以用一个宏观方程——LLG 方程描述, 使得我们可以像处理半导体中电子态那样，精确地处理微纳磁体中 M 的运动规律。本书的第二个目的就是发展一套用 LLG 方程研究微纳磁体中 M 运动规律的理论和方法，所以定名为"微纳磁电子学"。

　　本书内容包括九章。第 1 章介绍了微纳磁电子学的研究目的以及磁随机存储器；第 2~4 章主要是从原子的量子学角度介绍顺磁性、铁磁性和自旋扭力的物理原理；第 5 章介绍纳米磁体中如何用自旋极化电流控制自旋；第 6 章主要介绍电场驱动的磁化开关和动力学；第 7 章介绍铁磁共振的条件下磁矩的翻转情况；第 8 章介绍自旋泵和纯自旋流的概念；第 9 章介绍有限温度的福克尔–普朗克方程，将反演时间和热涨落引入自旋扭转中分析自旋进程。

夏建白　文宏玉
中国科学院半导体研究所
2019 年 5 月

目　　录

引言　微纳磁电子学

0.1　电磁学的发展历史 [1]

磁学的发展具有悠久的历史，古希腊哲学家泰勒斯 (Thales，公元前 624—前 546) 首先研究了电和磁的现象。泰勒斯发现当摩擦一小块琥珀后，琥珀就能吸起轻的物体，因此摩擦的作用就是产生静电荷。名词 "electron" 和 "electricity" 来自于这个发现，elektron 是希腊词琥珀。泰勒斯还研究了天然磁石彼此间吸引的类似现象，这种天然磁石来自于 Magnesia 地区，它成为以后磁学名词的来源。从此人们认识到电性和磁性的研究是联系在一起的，它们的结合成为物理学的最重要的发现之一。

虽然中国古代已经用磁石作为指南针，但泰勒斯以后的 2000 年磁学几乎没有发展。公元十三世纪佩雷格伦纳斯 (Petrus Peragrinus) 发现了磁体上有北极和南极，它们之间吸引或排斥。吉尔伯特 (William Gilbert，公元 1540—1603) 首先解释了地球的磁性，还研究了电性，发现除了琥珀，其他物体在摩擦以后也能吸引物体。

杜费 (Charles Francois Du Fay，1698—1739) 发现一个物体摩擦以后，既能排斥，同样也能以类似的方式吸引磁极。富兰克林 (Benjamin Franklin，1706—1790) 提出电性多余或者不足将产生正或负的电荷。库仑 (Charles-Augustinde Coulomb，1736—1806) 测量了磁极之间产生的力和电荷之间产生的力，发现它们都服从相同的距离平方反比定律。

当伏打 (Alessandro Volta，1745—1827) 在 1800 年发明了电池以后，把电磁学向前推进了一大步。以后就有了一个电流源。奥斯特 (Hans Christian Oersted，1777—1851) 在 1820 年发现了电流能产生磁场。这个电磁学的发现立即导致了法拉第 (Michel Faraday，1791—1867) 发现磁力线必须绕着一个电流。这个概念使得他在 1821 年发现了电机原理，在 1831 年发现了电磁感应，一个变化的磁场能产生电流。这个现象同时也被亨利 (Joseph Henry，1797—1878) 发现。

同时电学研究有重要的理论发展。安培 (André-Marie Ampère，1775—1836) 在 1827 年发现了将磁力与电流联系起来的定律，并且区分了电流和电动势 (EMF)。同年，欧姆 (Georg Simon Ohm，1787—1854) 发表了将电流、电动势和电阻相联系的定律 (欧姆定律)。基尔霍夫 (Gustav Robert Kirchhoff，1824—1887) 后来将欧姆定律推广到网络，还统一了静电学和电流电学，证明了静电势就是电动势。

在 19 世纪 30 年代, 高斯 (Carl Fridrich Gauss, 1777—1855) 和韦伯 (Wilhelm Eduard Weber, 1804—1891) 定义了磁学的单位系统, 以后他们又定义了电学的单位系统。在 1845 年法拉第发现材料是顺磁的或逆磁的。开尔文 (Lord Kelvin, 1824—1907) 将法拉第的工作发展成一个完全的磁性理论, 最后由郎之万 (Paul Langevin, 1872—1946) 从电子运动的角度解释了磁性的起源。

将电学和磁学结合在一个漂亮的理论体系是由麦克斯韦 (James Clark Maxwell, 1831—1879) 完成的。他证明了电场和磁场是以波动方式传播的, 光由这种电磁辐射组成。他还预言了其他类似的电磁辐射肯定存在。结果赫兹 (Heinrich Rudolf Hertz, 1857—1894) 在 1888 年证实了无线电波的存在, 随后不久, X 射线和伽马波也被发现了。

0.2 20 世纪磁学的发展 [2]

磁学的发展离不开原子物理和量子力学的发展。第一个对磁学发展有贡献的是电子自旋的发现。1925 年泡利 (Wolfgang Pauli, 1900—1958) 发表了著名的泡利不相容原理。为了解释反常塞曼效应, 需要的量子数不止 n、l、m_l 这 3 个, 他引入了电子的 "二值性" 这个量子性质。1921 年斯特恩和盖拉赫发现电子自旋, 1925 年 10 月乌伦贝克和高德斯密特实验上证实了电子自旋, 解释了二值性, 为物质磁性打下了物理基础。

1928 年狄拉克 (Paul Adrien Maurice Dirac, 1902—1984) 建立了相对论电动力学, 从基本原理自然得出电子自旋。同年海森伯 (Werner karl Heisenberg, 1901—1976) 建立了依赖于自旋的交换相互作用模型。这种强烈的短程交换相互作用标志着现代磁学理论的诞生, 解释了铁磁性的起源。

从此以后磁学的研究就建立在量子力学的基础上。1932 年奈尔 (Louis Eugene Felix Néel, 1904—2000) 建立了反铁磁性的概念。沙尔 (Clifford Glenwood Shull, 1915—2001) 的中子衍射实验证实了奈尔关于反铁磁性和亚铁磁性自旋磁化的想法。莫特 (Neville Franois Mott, 1905—1996) 等将能带理论应用于磁性材料。

20 世纪推动磁学发展的一个动力是电动机, 它是工业革命的基础。大功率的电动机要求使用高磁能积的永磁铁。"高磁能积的磁铁" 指的是磁滞回线既宽 (最大矫顽场) 又高 (最大磁化的磁体)。这种磁体可以减小器件 (如电动机和扬声器) 的尺寸和重量。磁能积的定义是外磁场和磁感应强度的乘积 $(AB)_{max}$, 它的发展历史如图 0.1 所示。

由图 0.1 可见, 最强的商品化磁体是 Croat 和 Sagawa 等制备的 $Nd_2Fe_{14}B$ (钕铷铁硼) 永磁体。永磁体是发电机和电动机的关键部件, 它的水平代表了国家工业化的水平。美国电力销售额每年高达 2500 亿美元，占美国国内 GDP 的 2.5%。

　　20 世纪下半叶，电子计算机的发展要求有体积小、功耗小、存储量大的存储器。磁学的发展就从大的极端向另一个小的极端方向发展，进入到微米量级。1949年哈佛大学教授王安发明了基于微小铁氧体环 (直径约 $200\mu m$) 的器件——"磁芯"，利用穿过微环的导线中的电流，可以改变磁芯的磁状态。它导致了非易失性磁学存储器的发展，成为 20 世纪 60 年代计算机的主要存储器。

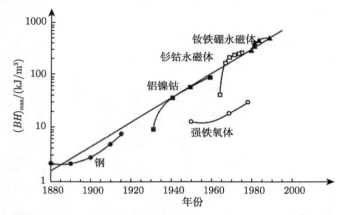

图 0.1　磁能积随年份的变化，表明永磁体性能的历史演化，给出了五种主要的工业用磁铁体系。纵坐标是对数坐标 ([2], p.10)

　　1957 年第一块硬盘存储驱动器，IBM 的 RAMAC，也就是随机存储器 (random access method of accounting and control) 问世。1988 年在一个铁磁体/非磁体/铁磁体三层膜材料中发现了巨磁阻 (GMR) 效应，当上下两铁磁层的磁矩是平行时，材料的电阻最小；当磁矩是反平行时，电阻最大。在 GMR 效应的基础上，制成了自旋阀。在上铁磁层上面加一个反铁磁层，使得上面铁磁层在外磁场下不改变方向，起一个磁矩的钉扎作用。下面的铁磁层是自由层，在外界小磁场下磁矩能改变方向。当上下两层的磁矩方向在 10~30Oe 的外磁场下由平行变为反平行时，自旋阀的电阻一般增加 5%~10%。同时又发明了磁隧道结 (magnetic tunnel junction，MTJ)。它是由上面的钉扎层 (两铁磁层，中间夹一薄层 Ru，构成强反铁磁耦合)、下面的自由铁磁层、中间的一薄绝缘层 (一般 Al_2O_3) 组成。绝缘层作为势垒层，电流垂直于界面方向，形成隧穿电流。当上下铁磁层的磁矩由平行变为反平行时，隧穿电阻改变 20%~50%，类似于自旋阀，但电阻调制幅度大。

　　IBM 利用自旋阀和磁隧道结制成了磁存储器硬盘，大大提高了效率，目前硬盘的存储密度已接近每平方英寸[①]100 Gbit，市场达上千亿美元。未来的磁存储器

---

① 1 英寸 = 2.54 厘米。

将利用电流 (或者电压) 产生扭力, 改变自由层中的磁矩方向, 使得功耗更小, 存取和读出速度更快, 并且具有非易失性。磁存储器的发展也遵循类似于微电子器件那样的摩尔定律, 如图 0.2 所示。

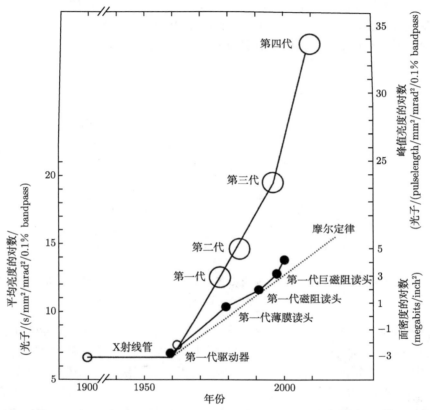

图 0.2　磁存储器件发展的摩尔定律 (点线) 和同步辐射 X 射线源亮度随时间的增加 (实线)[2]

0.3　一门新的交叉学科——微纳磁电子学

　　进入到信息存储的领域, 目前的磁性材料不是以前的体材料, 而是基于原子设计的薄膜和多层膜结构。它们的横向和纵向尺寸通常为纳米尺度。由此发展出了一门新的交叉学科——微纳磁电子学, 它是磁学与半导体的微纳电子学的交叉: 材料生长需要用分子束外延、MOCVD 等半导体纳米结构生长的常用技术, 相应的微加工手段、测量和表征方法也和半导体微电子学的相同, 但是范围更宽, 因为它还包括磁的性质。至于研究对象, 虽然也有磁半导体, 但主要是铁磁材料及其多层结构，因此其中的物理过程是完全不同的，这将在本书中讨论。

　　磁性材料科学和技术的主要动力来自于每年 500 亿美元的磁存储工业 [2]，现在可能早已超出。各种三明治结构、纳米尺度的新型存储器结构正在出现，它们的隧穿电阻依赖于不同薄膜中磁化的相对取向，如图 0.3 所示。

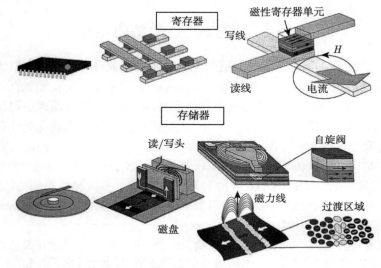

图 0.3　磁存储器的不同结构，它们构成了第一代自旋电子学器件 [2]

　　由图 0.3 可见，目前的磁性材料不是以前的体材料，而是基于原子设计的薄膜和多层膜结构，它们的横向尺寸通常为纳米尺度。为了研究和理解这种材料，需要使用更好的实验和理论技术。微纳磁电子学就是研究纳米尺度的磁性薄膜或多层膜中磁化在各种外界条件下的动力学过程，为研制新型的磁存储或其他器件提供理论和实验基础。

参 考 文 献

[1] Abbott D. Physicists. Peter Redrick Books, 1984.
[2] Stöhr J, Siegmann H C. 磁性——从基础知识到纳米尺度超快动力学. 姬扬译. 北京：高等教育出版社，2012.
[3] 翟宏如等. 自旋电子学. 北京：科学出版社，2013.
[4] 夏建白，葛惟昆，常凯. 半导体自旋电子学. 北京：科学出版社，2008.

第 1 章　微纳磁电子学与磁随机存储器的关系

1.1　磁电子学发展到微纳磁电子学

磁电子学或者自旋电子学的发展与纳米技术的发展分不开的, 所以比较确切的说法是微纳磁电子学。1986 年德国 Grünberg 等人制备了纳米尺度的 Fe/Cr/Fe 磁性三层膜, 用布里渊光散射和磁光克尔效应技术, 发现磁性三层膜中可形成反铁磁耦合状态。1989 年发现在磁场作用下, 三层膜由反铁磁排列转化为铁磁平行排列时, 电阻变小, 磁电阻比各向异性磁电阻大得多。1988 年法国 Fert 等利用分子束外延 (MBE) 制备了 (001) 晶向 [Fe/Cr] 纳米磁性多层膜, 在 $T = 4.2K$ 时观察到高达 50% 的磁阻 ($\Delta R/R = (R_{AP} - R_P)/R_p$), 比传统的各向异性磁阻 (AMR) 大一个数量级。Fert 将这种现象称为巨磁阻效应 (GMR)。为此 Fert 和 Grünberg 获得了 2007 年诺贝尔物理学奖。

在此基础上又制备了自旋阀三层结构, 其中一层 (如 F2) 的磁化是钉扎在一个方向, 另一层 F1 是自由层, 其中的磁化可以由外加小磁场 (10~30Oe) 改变方向。当磁化由平行变为反平行时, 电阻增加。磁阻一般为 5%~6%, 优化的自旋阀能达到 20%。1997 年 IBM 在磁阻硬盘器件 (HDD) 中用自旋阀取代了 AMR 传感器, 使得存储的面密度立即增加到 100%。IBM 通过引入磁阻和自旋阀, 提供了一种灵敏的和可标度的读的技术, 使得原始的 HDD 面记录密度在 1991~2003 年间增加了 3 个数量级, 由 0.1Gbit·in^{-2} 增加至 100Gbit·in^{-2}。但是从 2003 年开始面密度的增长开始慢了下来, 其他问题限制了自旋阀。

人们开始利用自旋阀来发展新的固态存储器。假定在自旋阀的自由层中磁化总是限制在易磁轴的两个相反方向, 于是自旋阀的阵列就可以用来存储 2bit 的信息, 并且具有有抵抗能力的读出, 由此就发展了自旋阀固态存储器。但是自旋阀的平面几何限制了它集成为高密度的纳电子学, 并且低电阻和大约 10% 的磁阻与 CMOS 工艺不相容。读头之间的磁屏蔽限制了读头之间的最小尺寸, 垂直平面几何 (CPP) 就大大改进了, 因为自旋阀能直接与磁屏蔽相连接。

在两个铁磁材料中加一薄层非磁绝缘体 (1~2nm), 就构成了一个磁隧道结 (MTJ)。在隧道结中, 电子依据隧道效应由一个铁磁层进入另一个铁磁层, 而保持它们的自旋。1995 年随着沉积技术和图形技术的发展, 第一个 MTJ 制成了, 它利用非晶 Al$_2$O$_3$ 作为绝缘层, 在室温下磁阻达到 70%。以后就改用 MgO 单晶作为绝缘层。在 Co/MgO/Co 隧道结中, 利用高自旋极化对称性, Δ_1 在 Co 的费米

面 [001] 轴附近，MgO 势垒能选择高自旋极化的对称性，得到高的磁阻，在 5K 时，$\Delta R/R = 1010\%$，在室温下达到 500%。

磁隧道结显然是一个 CPP 垂直器件，类似于自旋阀，但磁阻要高两个数量级。已经发展了有关的技术，将它的尺寸降到低于 10nm。TMR 读头已经在 2005 年由 Seagate 商业化了，提供了一个较高的灵敏度。但是 MTJ 有本质的缺点，它是高阻的，电阻–面积乘积高于 $1\Omega \cdot cm^2$，如果进一步减小它的尺寸，很难保持高的信噪比，因此比较倾向于 CPP 自旋阀或者简并 MTJ。

1.2   MRAM 的定义

图 1.1 是目前各种存储器的存取 (access) 速度和密度图。理想的存储器，要求快的速度、密的非挥发存储量，以及无限的寿命，目前还不存在。有两类存储器：工作存储器，挥发性的，如静态随机存储器 (SRAM) 和动态随机存储器 (DRAM)；非挥发存储器，不能工作，如硬盘驱动器 (HDD) 和闪存 (NAND Flash)。目前大多数系统都是两者的结合。由图 1.1 可见，HDD 和 NAND Flash 密度大，在 1Gbit 和 1Tbit 之间，但存取速度慢，在 100~1000ns。而 SRAM 和 DRAM 密度小，在 1Mbit 和 1Gbit 之间，但速度快，在 1~20ns。磁随机存储器 (MRAM) 属于非挥发性的工作存储器，目前它的密度和存取速度都不高。图上 MRAM 的两个箭头表示它的努力方向：密度赶上 DRAM，速度赶上 SRAM。

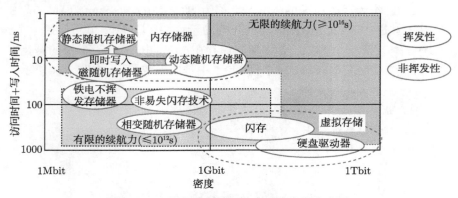

图 1.1   目前各种存储器的存取速度和密度图

目前用工作存储器和非挥发存储器相结合的方法有一个缺点，就是工作时要将非挥发存储器中的信息转移到工作存储器，这个过程称为引出 (booting)，对个人计算机大约需要 1min。这时工作存储器需要大量的能量来保留这些信息，因为 SRAM 有漏电流，而 DRAM 需要重新更新操作。对移动系统，如蜂窝电话，电池功率消耗是一个主要问题。

　　图 1.2 是存储器等级，(a) 是现有的系统非挥发存储器和挥发的工作存储器是分开的，将信息转移至挥发存储器和处理器 (processor) 需要时间和消耗功率；(b) 是将来期望的存储器等级，MRAM 是唯一的非挥发存储器，具有相当快的读/写存取速度和几乎无限的寿命。它和处理器在一起，可以大大缩短信息转移时间和减小功率消耗。

　　目前利用垂直磁化的磁隧道结 (MTJ) 和自旋转移扭力 (STT) 已经从原理上解决了 MRAM 的大部分问题，以达到图 1.2(b) 所示的存储器等级。

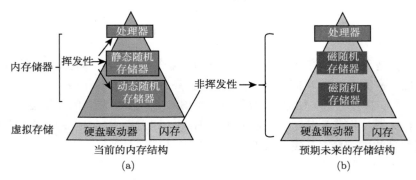

图 1.2　系统中所用存储器的等级

(a) 现在的存储器等级；(b) 将来期望的存储器等级

　　利用 STT 作为写的原理的 MRAM 称为 STT-MRAM, Spin RAM, 或 STT-RAM。图 1.3 是 16Mbit MRAM 及其阵列的示意图 [1]。每一单元包括一个选择 (selection) 晶体管和一个 MTJ。数字资料储存在 MTJ 中，作为存储层的磁化方向，在平面 MTJ 中是向左或向右，在垂直 MTJ 中是向上或向下，如图 1.4 所示。

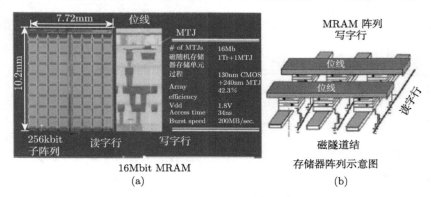

图 1.3　16Mbit MRAM 及其阵列的示意图

(a) MRAM 利用磁阻效应来读；(b) MTJ 阵列作为存储单元

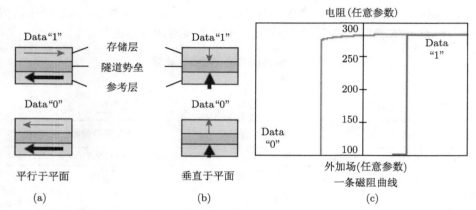

图 1.4 (a) 平行磁化的 MTJ；(b) 垂直磁化的 MTJ；(c) 电阻随外加磁场的变化，高阻和低阻分别对应于 "1" 和 "0" 态

MTJ 至少包含两个磁层，中间夹着非磁的隧穿势垒。一个磁层称为储存层，它能通过改变磁化方向来储存资料；另一个磁层称为参考层，它的磁化是固定的。参考层必须有足够大的矫顽力，使得它的磁化不被写的过程或其他扰动而改变。当上下两层的磁化是平行时，电阻低；磁化是反平行时电阻高，如图 1.4(c) 所示。高阻和低阻分别指定为 "1" 和 "0" 态。

1.3 各种存储器的比较

表 1.1 是现有的各种存储器的比较。

动态随机存储器 (DRAM) 包含一个选择晶体管和一个小电容，面积 $6\sim8F^2$。数字资料储存在电容里，作为带电态或放电态。因为电容通过晶体管漏电，资料最后要损失掉，除非电容器周期地充电。这种周期充电称为更新 (refreshment)。DRAM 的优点是，结构简单 (低成本)，相当快的读和写的速度；缺点是挥发性的，需要更新。这种更新导致即使在不用时也有大的功率消耗，在功率源关闭时资料就失去了。

闪存 (NAND flash) 是一种非挥发性的存储器，它只包含了一个具有浮栅的晶体管，电容面积小至 $4F^2$。数字资料储存在浮栅上，作为一个电荷态、半电荷态、放电态等。因为浮栅是孤立的，电荷能保留一段时间。闪存的优点是结构简单 (低成本) 和非挥发性；缺点是写的速度慢和有限的寿命，这是非挥发性的代价。非挥发性要求浮栅的完全孤立，这要求高的写入电压，将导致绝缘体的击穿。

铁电随机存储器 (FeRAM) 是非挥发性的存储器，但不具有无限的寿命。它包含了一个选择晶体管和铁电材料的电容器，电容面积为几十 F^2，因为电容器的面积必须足够大以便读信号。数字信号储存在铁电材料中，作为极化方向，向上或向下。FeRAM 的优点是非挥发性和中等速度；缺点是可扩缩性 (scalability) 的限制。FeRAM 也有有限的寿命，因为极化方向的改变要求原子的移动。

表 1.1　现有的各种存储器的比较

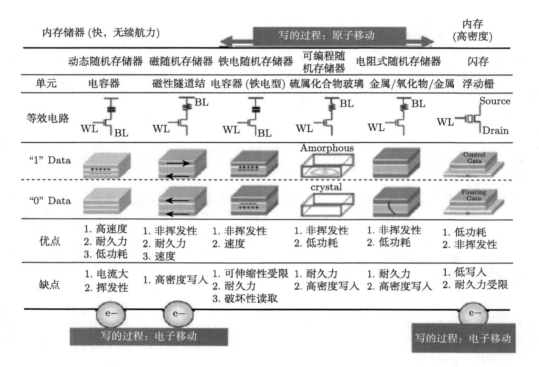

内存储器 (快，无续航力)			写的过程：原子移动		内存 (高密度)
动态随机存储器	磁随机存储器	铁电随机存储器	可编程随机存储器	电阻式随机存储器	闪存
电容器	磁性隧道结	电容器 (铁电型)	硫属化合物玻璃	金属/氧化物/金属	浮动栅
1. 高速度 2. 耐久力 3. 低功耗	1. 非挥发性 2. 耐久力 3. 速度	1. 非挥发性 2. 速度	1. 非挥发性 2. 低功耗	1. 非挥发性 2. 低功耗	1. 低功耗 2. 非挥发性
1. 电流大 2. 挥发性	1. 高密度写入	1. 可伸缩性受限 2. 耐久力 3. 破坏性读取	1. 耐久力 2. 高密度写入	1. 耐久力 2. 高密度写入	1. 低写入 2. 耐久力受限

相变存储器 (PRAM，又称 PCRAM、PCM、或 Ovonic 存储器) 是非挥发性的，但不具有无限的寿命。单元面积为 $4\sim8F^2$，数字资料储存在电阻器中，作为非晶相、高阻，或晶相、低阻。PRAM 的优点是非挥发性和密度高；缺点是有限的寿命和在高密度下大的写入电流。有限的寿命来自于疲劳 (fatigue)，单元在改变相时要求原子移动，积累了应力。

阻变随机存储器 (ReRAM) 也是非挥发性存储器，它包含了一个选择晶体管或选择二极管以及由介电材料组成的电阻器。前者单元面积为 $6\sim8F^2$，后者为 $4F^2$。数字资料储存在电阻器中，作为绝缘态、高阻，或导电态、低阻。ReRAM 的优点是非挥发性和密度高；缺点是有限的寿命和在高密度下的大写入电流。有限的寿命来自于疲劳，在改变态时要求原子移动，单元积累了应力。

磁随机存储器 (MRAM) 的优点是非挥发性和相当高的读写速度，以及无限的寿命，这是其他非挥发存储器所没有的。无限的寿命来自于磁化开关机制，它没有原子的移动。硬盘驱动 (HDD) 利用了磁材料，证明了场写入原理能工作在非常高

的速度 (ns 脉冲宽度)，并且具有无限的寿命。场写入 MRAM 证明同样有相当快的读写速度和无限的寿命。但是目前还没有证据证明 STT 写入原理能快速工作和具有无限的寿命，还需要实验证实。

读的原理是磁阻效应，因此与写的原理无关。STT-MRAM 的读出速度与场写入 MRAM 相同，也是相当快的。因此，只需要检验 STT-MRAM 的开关速度。图 1.5 是 STT-MRAM 开关速度的实验结果。

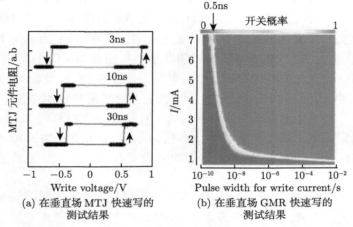

(a) 在垂直场 MTJ 快速写的
测试结果

(b) 在垂直场 GMR 快速写的
测试结果

图 1.5　(a) 垂直 MTJ 快速写入实验结果；(b) 垂直 GMR 快速写入实验结果

由图 1.5(a) 可见，当脉冲电流宽度小到 3ns 时垂直 MTJ 还能成功地开关磁化。图 1.5(b) 显示对垂直 GMR，宽度为 0.5ns 的脉冲电流就能开关磁化。因为 GMR 具有非常小的电阻和小的 RC 延迟，所以在写的速度方面没有本征的缺点。

寿命的试验结果示于图 1.6。在 3.6×10^{12} 次读写的循环以后，没有看到电阻的

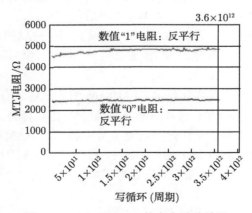

图 1.6　STT-MRAM 的寿命试验结果

任何退化。这些优点对 MRAM 是本征的，由于磁化开关的机制，在磁化开关中，只有磁化方向改变，而没有原子的移动，而 FeRAM、PRAM 和 ReRAM 在写的过程中都需要原子的移动。

1.4　MRAM 的发展历史

20 世纪 80 年代，发展了磁场写入 MRAM，它用电流产生的磁场来写入资料，用各向异性的磁阻效应 (AMR) 来读出资料。这是第一个 MRAM。同时读出原理改变为巨磁阻效应 (GMR)，它是由 Fert 和 Grunberg 在 1988 年发现的 [1,2]。实验发现，由几纳米厚的铁磁和非磁材料交替组成的多层结构的电阻依赖于铁磁层中的磁化的相对取向，电阻率的变化在 4.2K 时是 85%，在室温时是 1.5%。在 20 世纪 90 年代中期，读出原理改变为室温隧穿电阻效应 (TMR)，1994 年 Miyazaki[3] 和 Moodera[4] 利用非晶的 Al_2O_3 作为势垒材料的 MTJ 取代 GMR。由于较高的磁阻效应和隧穿势垒的大电阻，用 MTJ 可以增加 MRAM 的容量到 Mbit 的量级。在 DARPA MRAM 计划的大力支持下，MRAM 已经在 2003 年实现商业化。

但是 MRAM 的发展遇到一个大的障碍：大的写入电流，阻止了 MRAM 的密度或者容量进一步增加。利用电流来改变磁化，产生磁场的效率是低的，写入电流是毫安的量级。因为窄的电流线不能流过这样大的电流，存储密度永远不能超过 256Mbits。

到 2000 年代，写入原理改变为自旋转移扭力 (STT)，它是由 Slonczewski 和 Berger[5,6] 于 1996 年提出的，又称电流引起的磁化反转 (current induced magnetization reversal, CIMR)。随后 Mayers 等 [7] 在 GMR 上，Huai 等 [8] 在 Al_2O_3-MTJ 上，以及 Kubota 等 [9] 在 CoFeB/MgO/CoFeB-MTJ 上证实了 STT 写入原理。STT 写入电流仍为毫安量级，这是 STT-MRAM 最后的障碍。

2004 年 Yuasa 等 [10] 和 Parkin 等 [11] 将 MTJ 的势垒材料由非晶的 Al_2O_3 改为晶体的 MgO，使得平行磁化的 MTJ 的磁阻 (MR) 由 70% 增加到 200%，可以用作存储器，密度可增加到 Gbit。

在 2006 年开始了一项发展垂直 MTJ-MRAM 的新计划 NEDO。2007 年 Yoda 等提出并实现了第一个垂直 STT 写入的垂直 MTJ[12]，由垂直层 CoFeB/MgO/CoFeB 组成，它的优点如图 1.7 所示。开关电流密度降到 $0.3\sim0.5MA/cm^2$，对应于每次写入 $7\sim9\mu A$。MgO-MTJ 的 MR 达到 200%，存储密度超过 1Gbit。附加的垂直层 FePd 或 CoPt 沉积在 CoFeB 层上，只是为了增加储存能。

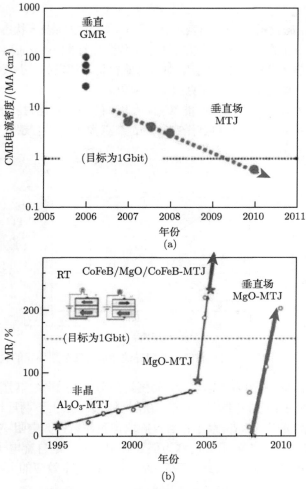

图 1.7   垂直 MgO-MTJ 的进展

1.5   MRAM 的基本原理

材料的磁性是由其中原子的自旋产生的，如果所有原子的自旋都在一个方向上排列，则在材料中产生宏观的磁性，称为磁化 (magnetization)。室温下热运动的能量 $300\ k_B T$ 将破坏磁化，使得原子的自旋无规排列。要保存信息，必须使磁化被强制地固定在某些方向上。有些磁材料具有各向异性，使得磁化在某些方向 (易磁方向) 的能量比沿其他方向要低得多。目前 MRAM 产品主要利用平面内磁化 (in-plane MRAM)，因为这种材料技术比垂直磁化 MRAM(perpendicular MRAM)

成熟。

    在 MRAM 中磁化沿一个方向表示状态 "0",沿反方向表示状态 "1"。当磁化由一个方向转到另一个方向时需要一定的能量,称为储存能 (storage energy)。如果储存能大于室温的热运动能量 $300k_BT$,则信息储存是非挥发的。小尺寸平面 MRAM 的储存能不够强,垂直 MRAM 能克服这个缺点。

    图 1.8 是几种具有大各向异性能量 (储存能) 的垂直磁化材料的各向异性能量与储存层体积的关系。这些材料甚至在 10nm 节点大小时仍有超过 10^7erg/cc 的各向异性能量,具有 10 年的保持期。

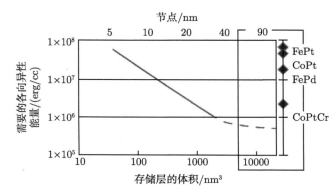

图 1.8   几种垂直磁化材料的各向异性能量与储存层体积的关系

    MRAM 利用 MTJ 作为基本单元。磁隧道结效应是 1975 年首先由 Julliere 发现的 [13]。MTJ 是由铁磁/绝缘体/铁磁三层材料组成,当上下两层铁磁材料中的自旋取向平行时,结的电阻 R_P 最小;当自旋取向反平行时,电阻 R_{AP} 最大。这种与磁层中自旋取向有关的电阻变化称为隧穿磁阻效应,是自旋电子学中最重要的效应之一。通常用分数变化 $(R_{AP} - R_P)/R_P$ 来表征这个效应的大小,称为磁阻比 (MR ratio)。

    Julliere 当年用的 Fe/Ge-O/Co MTJ 的 MR 比只有 14%,并且在低温 4.2K 下。直到 1995 年用非晶的 Al-O 作为势垒层,以及用 3d 铁磁电极,在室温下达到 18% 的 MR 比。虽然经过优化铁磁电极材料和制造 Al-O 势垒的条件,MR 比增加到 70%,但仍低于许多自旋电子学器件应用的需要。高密度 MRAM 需要室温下 MR 比超过 150%,因此 Al-O 基 MTJ 不适用于下一代的器件应用。

    图 1.9 就是一个典型的 MRAM 结构示意图,其中最关键的部分就是 MTJ,而 MTJ 中的势垒材料影响到 MTJ 的 MR 比。2001 年第一原理计算预言了晶体结构的 MgO 作为势垒材料,将使 MTJ 的 MR 比高达 1000%。2004 年用晶体 MgO(001) 作为势垒的 MTJ 获得了室温下 200% 的 MR 比 [10,11],从此开辟了 MRAM 研究的新高潮。

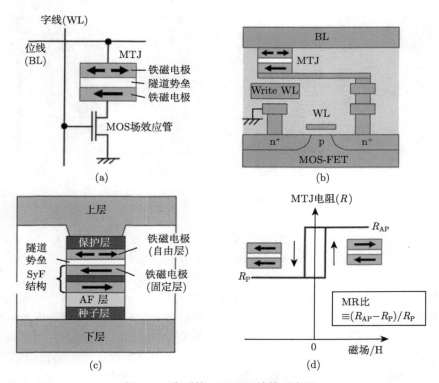

图 1.9　典型的 MRAM 结构示意图

(a) 线路图；(b) MRAM 单元截面图；(c) 实际应用的 MTJ 截面图；(d) 典型的 MTJ 磁阻曲线

按照 Julliere 模型，MR 比与铁磁材料中自旋极化度 P 有关：

$$\mathrm{MR} = \frac{2P^2}{1 - P^2}.$$

对理想的铁磁材料 $P = 1$，则 MR 应为无穷大。在大多数铁磁材料中，除了自旋向上电子，还有自旋向下电子，$P < 1$，因此 MR 是有限的。

在体心立方的铁磁材料 (如 Fe) 中，在费米能级附近共有 3 种不同对称性的电子共存：Δ_1，Δ_2 和 Δ_5，如图 1.10 所示。Δ_1 电子是全部自旋向上的，因此 $P = 1$。而 Δ_2 和 Δ_5 电子具有向上自旋和向下自旋。在非晶 AlO 势垒的 MTJ 中，3 类电子都将隧穿，如图 1.10(a) 所示，所以平均 P 大约为 0.5，MR 小于 100%。

而 MgO(001) 具有 NaCl 的晶体结构，只有 Δ_1 电子能在 (100) 体心立方磁层中隧穿，它锁住了 Δ_2 和 Δ_5 电子，如图 1.10(b) 所示。这种过滤效应被证明将一个简单的 Ta/CoFeB/MgO/CoFeB/Ta MTJ 的 MR 增加到超过 500%。

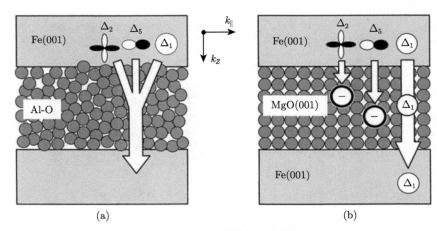

图 1.10　电子隧穿示意图

(a) 非晶 Al-O 势垒；(b) 晶体 MgO(001) 势垒

有两种写入的原理：磁场写入和自旋转移扭力 (STT) 写入。磁场写入是一种老的方法，利用电流产生磁场，改变自由层中的磁化。STT 写入是最近发展的一种新原理，在储存层中的磁化绕着易磁轴进动。输入相反自旋的电子与磁化相互作用，电子的自旋方向改变，同时产生一个向下的扭力。当这个扭力超过阻尼力时，磁化进动就转向反方向，产生了磁化的开关效应。这种自旋转移扭力只需要很小的自旋流，因此开关的功耗很小，是下一代 MRAM 理想的模型。

(1) **磁场写入原理**：利用电流改变储存层中的磁化，使之与参考层的磁化平行或反平行，MTJ 的电阻由小变大，分别对应于 "0" 态和 "1" 态。磁场写入有两个主要问题：大的写入电流和所谓的半选择比特的写入干扰。由于这些问题，磁场写入的 MRAM 存储量不超过 100Gbit。

(2) **STT 写入原理**：STT 写入 MRAM 的结构示意图和等效电路示于图 1.11。它包含了一个选择晶体管和一个 MTJ，选择晶体管是在写和读的过程中提供电流。位线 (bit-line) 和字线 (word-line) 在写和读的时候是共用的，而磁场写入 MRAM 要求一根附加的写位线。因此，STT 写入 MRAM 比场写入 MRAM 要简单一些，它的理想单元尺寸为 $6F^2$。

磁场输入 MRAM 和 STT-MRAM 都是通过选择晶体管输入电流，但前者的晶体管位于位线端或字线端，它的尺寸比较大。而后者的晶体管在单元内部 (图 1.11(a))，写入电流应该比磁场写入 MRAM 的小得多。典型的晶体管驱动能力是 1mA 每 1μm 栅宽度，所以在 30nm 节点的 MRAM 要求电流在 30μA 的量级，比磁场写入 MRAM 小得多。平面内 MTJ 已经广泛研究，但临界驱动电流为几百μA 量级，不能降低到 Gbit 密度的晶体管驱动电流以下。

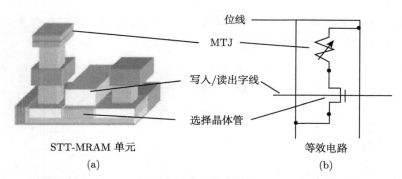

图 1.11　STT 写入 MRAM 的结构示意图 (a) 及其等效电路 (b)

　　垂直 MTJ 能大大降低写入电流, 2007 年已经在实验上实现[12]。利用图 1.12 所示的垂直 MTJ 结构, 已经得到了超低的开关电流 $7\sim9$ μA[14], 电流脉冲宽度为 5ms, MTJ 的直径为 30nm。因为平面 MTJ 的储存能是垂直 MTJ 的约 10 倍, 所以垂直 MTJ 的开关电流大约是平面 MTJ 的 1/10。

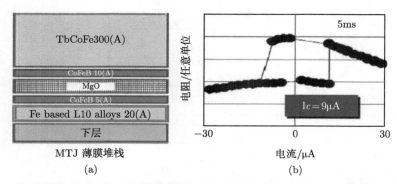

图 1.12　(a) 超低开关电流的垂直 MTJ 的结构示意图; (b) 磁滞曲线

　　关于脉冲电流的宽度, 有两种模式: ① 脉冲电流的宽度较大, $\gg 10$ns, 系统除了由 SST 写入得到的开关能量外, 还能从与声子的相互作用得到部分能量, 来克服储存能势垒, 从一个态跳到另一个态, 所以写入电流是小的; ② 脉冲电流宽度小于 10ns, 系统不能从声子那里得到能量, 全靠 STT 写入电流提供能量, 因此开关电流增加。

　　为了使写入误差尽可能小, 工作电流 J_W 应该比临界电流 J_{C0} 大。图 1.13 是脉冲宽度为 1ns 时写入误差概率与写入电流密度的关系。由图可见, 增加 J_W 到 J_{C0} 的 1.3 倍, 可以使写入误差减小到 10^{-11}。

　　同样, 读出电流 J_R 也影响到读出误差。图 1.14 是不同的脉冲宽度下读出误差概率与读出电流密度的关系, J_{CS} 是脉冲宽度为 30ns 时的写入电流密度。由图可见，J_R 越小，读出误差概率就越小。减小脉冲宽度也能减小误差概率。如果取 $J_R/J_{CS} = 0.5$，则能把读出误差减小到可接受的程度。

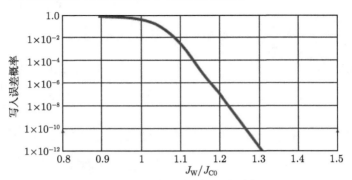

图 1.13　写入误差概率与写入电流密度的关系

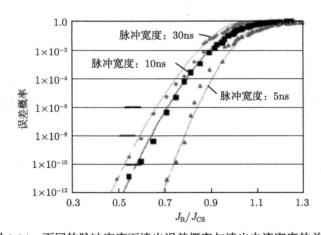

图 1.14　不同的脉冲宽度下读出误差概率与读出电流密度的关系

1.6　微纳磁电子学的研究目的

自旋电子学的进展与纳米磁性学 (nanomagnetism) 的发展分不开的，它的研究目的是很明确的。特别是在原子级别上多层结构的磁性质的工程化与 GMR 的发展是平行的，使得 GMR 成为可能。对界面效应的深入了解，以及利用层厚度作为参数导致了发展人工磁材料，具有可以精细调制的新的性质。这个直接导致了自旋储存。

2bit 信息储存要求在两个相反磁化取向之间有一个能量势垒，以防止热激发的反转。这种 "磁各向异性" 具有几个互相竞争的起源，其中最强的通常是形状各向异性，由于偶极-偶极磁相互作用，引起了熟知的薄膜平面内的易磁磁化。但是在记录中主要用的效应是磁晶体的各向异性，这是与周围原子环境的对称性有关的一种原子效应。界面的各向异性最初是由 Néel 提出的，利用界面上平移对称性的破缺产生巨磁各向异性，它能够克服形状各向异性，在超薄膜或多层结构中产生一个稳定的垂直磁化轴 (PMA)。在 1985 年已经制出了具有实际厚度的 PMA 的 Co/Pd 多层和 Au/Co/Au 薄膜。新材料甚至可以由第一原理计算预言。垂直 HDD 已经被 Seagate, Hitachi, Toshiba 公司在 2005~2006 年间引入作为记录材料，一直保持着 40% 增长率。

微纳磁电子学有许多工艺都是与微电子工艺类似的，因此要发展微纳磁电子学，就必须具有和掌握微电子设备和工艺。但另一方面，微纳磁电子学的一些基本原理和半导体微电子学是完全不同的，需要我们进一步学习和发展。

参 考 文 献

[1] Baibich M N, Broto J M, Fert A. Phys. Rev. Lett., 1988, 61: 2472.

[2] Binasch G, Grunberg P, Saurenbach F, et al. Phys. Rev. B, 1989, 39: 4282.

[3] Miyazaki T, Tesuka N. J. Magn. Magn. Mater., 1995, 139: L231.

[4] Moodera J S, Kinder L R, Wong T M, et al. Phys. Rev. Lett., 1995, 74: 3273.

[5] Slonczewski J C. JMgn. Mgn. Mater., 1996, 159: L1.

[6] Berger L. Phys. Rev. B , 1996, 54: 9353.

[7] Mayers E B, Ralph D C, Katine J A, et al. Science, 1999, 285: 867.

[8] Huai Y, Albert F, Nguyen P, et al. Appl. Phys. Lett., 2004, 8: 3118.

[9] Kubota H, Fukushima A, Ootani Y, et al. Jpn. J. Appl. Phys., 2005, 44: L1237.

[10] Yuasa S, Fukushima A, Nagahara T, et al. Jpn. J. Appl. Phys., 2004, 43: L588.

[11] Parkin S S P, Kaiser C, Panchula A, et al. Nat. Mater. , 2004, 3: 862.

[12] Yoda H, et al. Presented at 7th international workshop on future information processing technologies, session III, Dresden Germany , 2007.

[13] Julliere M. Phys. Lett. , 1975, 54A: 225.

[14] Daibou T, Yoshikawa M, Kitagawa E, et al. Presented at the 11th joint MMM/intermag conference, Washington DC, 2010.

第2章 磁学的一般概念：顺磁性

2.1 原子的量子力学 [1]

原子的电子之间有电子与核之间、电子–电子之间的库仑相互作用 V_1。此外，还有自旋–轨道耦合相互作用 V_2。$V_2 \propto Z^2$，其中 Z 是原子序数。在除了重原子的一般情况下，如过渡金属，$V_1 \gg V_2$，因此

$$H \approx H_0 + V_1. \tag{2.1}$$

由哈密顿量 (2.1) 可见，它与总角动量 L 和总自旋 S 以及总动量 $J = L + S$ 是对易的。这是 L-S 耦合或者 Russel-Saunders 耦合，多电子系统 (原子) 的波函数可以用下列基函数表示：

$$\{|LSM_LM_S\rangle\},$$

其中，M_L 和 M_S 分别是 L 和 S 的 z 分量。L 和 S 固定，M_L 和 M_S 所有的可能值组成的子空间称为光谱项，例如 $^1P(S = 0, L = 1)$，$^3D(S = 1, L = 2)$，其中 P、D 是轨道角动量的表示，左上角的数字是自旋多重态的数目 $2S + 1$。

因为 V_1 与 L 和 S 对易，它在一个给定项的子空间中是对角的，不混合不同的项，

$$\langle LSM_LM_S| V_1 |L'S'M_L'M_S'\rangle = \delta_{LL'}\delta_{SS'}\delta_{M_LM_L'}\delta_{M_SM_S'}V_1^{LS}. \tag{2.2}$$

当一个原子中所有电子都被指定了一个特定的量子态后，就产生一个多重态，它包含了几个不同的态。这个多重态称为位形 (configuration)。例如，Si($Z = 14$)，它的位形是 $1s^22s^22p^63s^23p^2$，其中只有 3p 壳层是部分占据的，不考虑填满的其他壳层。2 个 p 态 ($l = 1$) 电子能组合形成 $L = 0, 1, 2$ 态。另外，两个电子的自旋能形成单重 ($S = 0$) 和三重 ($S = 1$) 态。按照泡利原理，总波函数是轨道波函数和自旋波函数的乘积，在电子交换时必须是反对称的。

电子态的总波函数可以表示为

$$|l_1l_2LM\rangle = \sum_{m_1m_2} [\langle l_1l_2m_1m_2| LM\rangle |l_1l_2m_1m_2\rangle], \tag{2.3}$$

其中展开系数称为 Clebsch-Gorden(C-G) 系数。基函数 $|l_1 l_2 m_1 m_2\rangle = |l_1 m_1\rangle|l_2 m_2\rangle$ 是单电子波函数的直接乘积。在电子交换时，C-G 系数具有 L 的宇称，而电子波

函数具有 S 的宇称。因此对 Si, 只剩下 ^1S, ^3P, ^1D 3 个光谱项满足泡利原理。这 3 个光谱项分别具有 1 个、9 个和 5 个简并度, 所以共有 15 个简并态。这些简并态将被库仑相互作用 V_1, 以及自旋–轨道相互作用 V_2 解除。

洪德定则将决定最低能量的光谱项:

(1) 选择与泡利原理相容的最高的 S 值。

(2) 选择与泡利原理以及第 1 项相容的最高的 L 值。

(3) 选择总角动量 J。

(a) 如果壳层小于半满, 则 $J = J_{\min} = |L - S|$,

(b) 如果壳层大于半满, 则 $J = J_{\max} = |L + S|$.

按照洪德定则, Si 的基态应该是 $^3P_0$。

自旋–轨道相互作用

$$V_2 = \sum_{i=1}^{Z} g(r_i) \, \boldsymbol{l}_i \cdot \boldsymbol{s}_i. \tag{2.4}$$

在 L, S 整个多重态中, 可以证明

$$\begin{aligned}
&\langle \alpha L S M_L M_S | \, V_2 \, | \alpha L' S' M_L' M_S' \rangle \\
&= A(LS\alpha) \, \langle \alpha L S M_L M_S | \, \boldsymbol{L} \cdot \boldsymbol{S} \, | \alpha L' S' M_L' M_S' \rangle,
\end{aligned} \tag{2.5}$$

其中, $A(LS\alpha)$ 对整个多重态是一个常数。由此得到 V_2 的本征值,

$$\lambda_{J\alpha} = \frac{1}{2} A_\alpha \hbar^2 \left[J(J+1) - L(L+1) - S(S+1) \right]. \tag{2.6}$$

由此原来简并的多重态在自旋–轨道相互作用下按照不同的 J 分裂了。例如, Si 的 ^1S 项, $J = 0$, 不分裂; ^1D 项, $J = 2$, 不分裂; ^3P 项, $J = 2, 1, 0$, 按照式 (2.6) 分裂成 3 个不同的能级, 按照洪德定则, 能量最低态 (基态) 是 $^3P_0$。

2.2 顺磁性的量子理论

考虑原子哈密顿量的本征态 $\{|E_n JM\rangle\}$。外加均匀磁场 $\boldsymbol{H}$ 后, 哈密顿量增加了塞曼相互作用项,

$$W_Z = -\mu_{\mathrm{B}} \boldsymbol{H} \cdot (\boldsymbol{L} + 2\boldsymbol{S}), \tag{2.7}$$

其中, $\mu_{\mathrm{B}} = e\hbar\mu_0/2m_{\mathrm{e}}$, $\boldsymbol{L}$ 和 $\boldsymbol{S}$ 算符都是无量纲的 (没有 $\hbar$)。在磁学的专著或教材中, 磁学物理量的定义和单位混乱, 令读者不知所措。本书采用文献 [2] 中的国际单位制。每个原子能级 J 具有能量 E_n 和 $2J{+}1$ 个简并度。首先取量子化轴平行于外磁场, 这样 W_Z 与 J_z 对易。利用 Wigner-Eckart 定理, 对任何的矢量算符, 特别是 $\boldsymbol{L} + 2\boldsymbol{S}$ 和 $\boldsymbol{J}$, 它们在多重态内是成正比的。因此

$$\langle E_0 J M_J | \, (\boldsymbol{L} + 2\boldsymbol{S}) \, | E_0 J M_J' \rangle = g \langle E_0 J M_J | \, \boldsymbol{J} \, | E_0 J M_J' \rangle, \tag{2.8}$$

其中，g 是谱分裂因子，或者朗德 g 因子。它们的 z 分量为

$$\langle E_0 J M_J | (L_z + 2S_z) | E_0 J M'_J \rangle = g M_J \delta_{M_J M'_J}, \tag{2.9}$$

因此在外磁场下能级的分裂，

$$\langle E_0 J M_J | W_Z | E_0 J M'_J \rangle = g \mu_{\mathrm{B}} H M_J \delta_{M_J M'_J}, \tag{2.10}$$

由此得到朗德 g 因子为

$$g = 1 + \frac{J(J+1) + S(S+1) - L(L+1)}{2J(J+1)}. \tag{2.11}$$

式 (2.11) 的证明：

由 g 的定义式 (2.8)，在同一个多重态中，$g\boldsymbol{J} = \boldsymbol{L} + 2\boldsymbol{S}$。方程两边乘以 $\boldsymbol{J}$，得到

$$\begin{aligned} g\boldsymbol{J}^2 &= (\boldsymbol{L} + 2\boldsymbol{S}) \cdot \boldsymbol{J} = (\boldsymbol{L} + 2\boldsymbol{S}) \cdot (\boldsymbol{L} + \boldsymbol{S}) \\ &= \boldsymbol{L}^2 + 2\boldsymbol{S}^2 + 3\boldsymbol{L} \cdot \boldsymbol{S}. \end{aligned}$$

在同一个多重态 (J, M, L, S) 中，它的矩阵元为

$$gJ(J+1) = L(L+1) + 2S(S+1) + \frac{3}{2}[J(J+1) - L(L+1) - S(S+1)],$$

$$g = \frac{3}{2} + \frac{S(S+1) - L(L+1)}{2J(J+1)}.$$

得证。

以上结果是在假定自旋轨道分裂能量远小于塞曼分裂能量的基础上得到的，也就是 $V_2 \ll V_1$，属于 $L\text{-}S$ 耦合图像，见式 (2.1)。

2.3   磁   化

磁场 $\boldsymbol{H}$ 和磁感应强度 $\boldsymbol{B}$ 的关系是 $\boldsymbol{B} = \mu_0 \boldsymbol{H}$。这个关系只有在真空中才严格成立。描述物质中的磁场，需要引入另一个磁场矢量，即磁化矢量 $\boldsymbol{M}$。$\boldsymbol{M}$ 定义为磁矩的体密度 $\boldsymbol{M} = \boldsymbol{m}/V$。磁化与 $\boldsymbol{H}$、$\boldsymbol{B}$ 之间的关系为

$$\boldsymbol{B} = \mu_0 \boldsymbol{H} + \boldsymbol{M}. \tag{2.12}$$

$\boldsymbol{M}$ 与 $\boldsymbol{B}$ 有相同的单位：$\mathrm{V \cdot s \cdot m^{-2}}$，即 T。磁化 (magnetization) 是磁性材料的重要性质，特别是在铁磁金属中，它决定了铁磁金属中的退磁场。表 2.1 是铁磁金属 Fe，Co，Ni 在 4.2 K 时的饱和磁化。([2]，p.41)

表 2.1   铁磁金属 Fe、Co、Ni 在 4.2K 时的饱和磁化

金属	Fe	Co	Ni
M/T	2.199	1.834	0.665

磁化与磁场之间的关系由磁化率 χ 确定:

$$\boldsymbol{M} = \chi\mu_0\boldsymbol{H}. \tag{2.13}$$

这在磁场小的时候成立; 当磁场大的时候, 磁化将趋于饱和, 式 (2.13) 不再成立。因此需要求磁化作为磁场和温度的函数。

系统的自由能

$$F = -k_{\mathrm{B}}T\ln Z = -k_{\mathrm{B}}TN\ln Z_1, \tag{2.14}$$

其中, Z_1 是单原子的配分函数:

$$Z_1 = \sum_{M=-J}^{J} \exp\left[-\frac{E\left(J, M, L, S\right)}{k_{\mathrm{B}}T}\right]. \tag{2.15}$$

磁化 M 与磁化率 χ 与自由能 F 的关系为 [3]

$$M = -\frac{\partial F}{\partial H}, \quad \chi = -\frac{1}{V}\frac{\partial^2 F}{\partial H^2}. \tag{2.16}$$

对以上讨论的顺磁离子组成的 L-S 耦合体系, 在一级近似下,

$$E\left(J, M, L, S\right) = E_0 + gH\mu_{\mathrm{B}}M. \tag{2.17}$$

单原子的配分函数

$$\frac{F}{N} = E_0 - k_{\mathrm{B}}T\ln\left(\sum_{M=-J}^{J}\mathrm{e}^{-xM/J}\right) = E_0 - k_{\mathrm{B}}T\ln\frac{\sinh\left[x\left(2J+1\right)/2J\right]}{\sinh\left(x/2J\right)},$$

$$x = g\mu_{\mathrm{B}}HJ/k_{\mathrm{B}}T. \tag{2.18}$$

磁化等于

$$M = -\frac{\partial F}{\partial H} = Ng\mu_{\mathrm{B}}JB_J\left(x\right),$$

$$B_J\left(x\right) = \frac{2J+1}{2J}\coth\frac{2J+1}{2J}x - \frac{1}{2J}\coth\frac{x}{2J}. \tag{2.19}$$

$B_J(x)$ 称为布里渊函数。利用函数 $\coth(x)$ 的展开式,

$$\coth\left(x\right) = \frac{1}{x} + \frac{1}{3}x - \frac{1}{45}x^3 + \frac{2}{945}x^5 + \cdots$$

当 $x \ll 1$ 时, 展开式 (2.19), 得到近零场下纵向磁化率:

$$B_J(x) \approx \frac{J+1}{J} \frac{x}{3}. \tag{2.20}$$

磁化率为

$$\chi = \frac{1}{V} \frac{\partial M}{\partial H} = \frac{N}{V} \frac{g^2 \mu_B^2 J(J+1)}{3k_B T} = \frac{C}{T}. \tag{2.21}$$

其中, C 是居里常数, 式 (2.21) 称为居里定律。

每个磁离子的平均磁化 M/N 作为 H/T 的函数示于图 2.1(文献 [1] p.13), I, II, III 3 条曲线分别对应于 KCr($J = S = 3/2$)、铁铵明矾 (iron ammonium alum, $J = S = 5/2$) 和硫酸钆八面体水合物 (gadolinium sulfate octahydrate, $J = S = 7/2$), 它们分别包含 Cr^{+++}, Fe^{+++}, Gd^{+++}, 按照洪德定则, 它们的基态分别为 $^4F_{3/2}$, $^6S_{5/2}$, $^8S_{7/2}$, 取 $g = 2$。

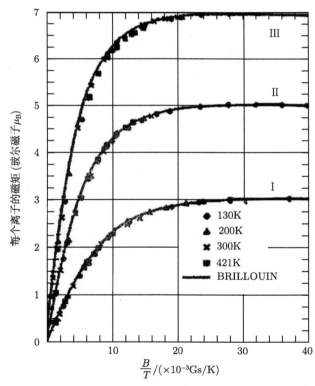

图 2.1 3 种材料 ($J = S = 3/2, 5/2, 7/2$) 的每个磁离子的平均磁化 B/T 作为 H/T 的函数

2.4 晶格场效应

固体中的磁离子一般处于周围非磁离子的晶格场中，晶格场具有一定的晶格对称性 (点群)，比自由空间的球对称性要低，因此将引起自由离子能级的进一步分裂。对过渡金属离子，晶格场的相互作用能量与自旋-轨道相互作用能量相当。

考虑一个单 3d 电子，$S = 1/2, L = 2$。按照洪德定则，它的基态是 $^2D_{3/2}$，因此是 5 重轨道简并的。如果离子位于一个立方对称的晶格场中，按照点群不可约表示的分类，5 重简并态将分裂成 1 个 3 维表示 T_2 和 1 个 2 维表示 E。在静电近似下，假定周围的配位原子为点电荷，分裂以后的能级哪个较低一般需要具体计算。点电荷的静电势满足拉普拉斯方程，能够展开成球谐函数。再与 Wigner-Eckart 定理结合，在一定的子空间内可以写成等价的角动量算符，能级的晶格场分裂就可以算出。

定义实的球谐函数，

$$Z_{l0} = Y_l^0,$$
$$Z_{lm}^c = \frac{1}{\sqrt{2}} \left(Y_l^{-m} + Y_l^m \right), \tag{2.22}$$
$$Z_{lm}^s = \frac{i}{\sqrt{2}} \left(Y_l^{-m} - Y_l^m \right).$$

晶格场可以写成球谐函数 (2.22) 的展开：

$$V_c \left(r, \theta, \phi \right) = \sum_{l=0}^{\infty} r^l \sum_{\alpha} \gamma_{l\alpha} Z_{l\alpha} \left(\theta, \phi \right),$$
$$\gamma_{l\alpha} = \frac{4\pi}{2l+1} \sum_{j=1}^{N} \frac{q_j Z_{l\alpha} \left(\theta_j \phi_j \right)}{R_j^{l+1}}, \tag{2.23}$$

其中，α 代表指标 m, s, c。

例如，在周围 4 个原子的立方对称的晶格场中，非零的系数 γ 只有 γ_{40}、γ_{44}^c，所以晶格场的势 [4] 为

$$V_c \left(r, \theta, \phi \right) = r^4 \left(\gamma_{40} Z_{40} + \gamma_{44}^c Z_{44}^c \right). \tag{2.24}$$

以下就是计算磁离子波函数在晶格场中的矩阵元。前面已经提到，在一个多重态的子空间中，具有相同变换性质的量，如矢量，它们的矩阵元是成比例的，相差一个常数，例如，式 (2.8) 中的 g。因此求晶格场 (2.24) 的矩阵元，就可以用相对应的角动量算符代替，这称为 Stevens 算符的等价性 [5]。

对 3d 过渡原子，因为自旋轨道耦合较小，所以多重态为 $|LSM_LM_S\rangle$，对 4f 稀土原子，自旋轨道耦合能量大于晶格场分裂能量，因此多重态为 $|LSJM_J\rangle$。先将晶格场 (2.24) 在实空间坐标中写出

$$V_c(\boldsymbol{r}) = \frac{\sqrt{8}}{15r^4}\left(Z_{40} + \sqrt{\frac{5}{7}}Z_{40}^c\right)$$

$$= \frac{1}{20}\left(35z^4 - 30r^2z^2 + 3r^4\right) + \frac{1}{8}\left[(x+\mathrm{i}y)^4 + (x-\mathrm{i}y)^4\right]. \tag{2.25}$$

对算符 L(J 也类似)，Stevens 算符的等价性为

$$z^4: L_z^4,\quad (x+\mathrm{i}y)^4: L_+^4,\quad (x-\mathrm{i}y)^4: L_-^4. \tag{2.26}$$

空间坐标是对易的，但角动量坐标是不对易的，利用 $[L_x, L_y] = \mathrm{i}L_z$，可以求得

$$\begin{cases} z^2r^2: L_z^2L^2 + \dfrac{1}{6}L_x^2 + \dfrac{1}{6}L_y^2 - \dfrac{2}{3}L_z^2, \\[2mm] y^2r^2: L_y^2L^2 + \dfrac{1}{6}L_z^2 + \dfrac{1}{6}L_x^2 - \dfrac{2}{3}L_y^2, \\[2mm] x^2r^2: L_x^2L^2 + \dfrac{1}{6}L_y^2 + \dfrac{1}{6}L_z^2 - \dfrac{2}{3}L_x^2, \\[2mm] r^4 = \left(x^2 + y^2 + z^2\right)r^2: L^2L^2 - \dfrac{1}{3}L^2 = \bar{L}^2\left(\bar{L}+1\right)^2 - \dfrac{1}{3}\bar{L}\left(\bar{L}+1\right). \end{cases} \tag{2.27}$$

其中，L 是算符，$\bar{L}$ 是 L 的本征值。因此，与晶格场 (2.25) 对应的算符是

$$V_c(r): \frac{1}{20}\left[35L_z^4 - 30L_z^2\bar{L}\left(\bar{L}+1\right) + 25L_z^2 - 6\bar{L}\left(\bar{L}+1\right) + 3\bar{L}^2\left(\bar{L}+1\right)^2\right] + \frac{1}{8}\left(L_+^4 + L_-^4\right). \tag{2.28}$$

利用等价算符，就可以容易地求得一个多重态内晶格场的矩阵元，以及多重态在晶格场中的分裂，见文献 [4]。

式 (2.27) 的证明：例如，其中第 1 式，将空间坐标写成所有可能的对易形式：

$$z^2r^2 = z^2\left(x^2 + y^2 + z^2\right) = z^2x^2 + z^2y^2 + z^4,$$

$$z^2x^2: \frac{1}{6}\left(L_z^2L_x^2 + L_x^2L_z^2 + L_xL_zL_xL_z + L_xL_zL_zL_x + L_zL_xL_xL_z + L_zL_xL_zL_x\right).$$

z^2y^2 也类似。再利用算符的对易关系 $[L_x, L_y] = \mathrm{i}L_z$，将每一项变换为算符的平方项，得证。

2.5　时间反演对称性和自旋

在经典物理中，时间反演表示 $t \to -t$ 的变换。速度 $\boldsymbol{v} = \mathrm{d}\boldsymbol{r}/\mathrm{d}t$ 在时间反演下改变符号，角动量 $\boldsymbol{L} = \boldsymbol{r} \times \boldsymbol{p}$ 也是。所以一个经典力学的运动，如果反方向运

动, 也是物理实在。在磁场 H 存在时, 这就不成立。因为当 $t \to -t$ 时洛伦兹力 $(e/c)(\boldsymbol{v} \times \boldsymbol{H})$ 改变符号。但如果同时改变磁场 $\boldsymbol{H} \to -\boldsymbol{H}$, 则保持不变。(这与产生磁场的线圈中电流反向是一致的)

在量子力学中, 取时间有关的薛定谔方程两边复共轭:

$$
\begin{aligned}
H\psi &= \mathrm{i}\hbar \frac{\partial \psi}{\partial t}, \\
H\psi^* &= \mathrm{i}\hbar \frac{\partial \psi^*}{\partial (-t)}.
\end{aligned}
\tag{2.29}
$$

其中假定了哈密顿量 H 是实的。由上式可见, 波函数 ψ^* 在时间反方向的运动与 ψ 在时间正方向的运动相同。这不影响概率密度 $|\psi|^2 = |\psi^*|^2$。

对任意的轨道波函数 v 和 u, 满足

$$
(\langle v | A) | u \rangle = [\langle v | (A | u \rangle)]^*,
\tag{2.30}
$$

则作用到电子波函数轨道部分的时间反演算符 K_0 是一个反线性算符。

$$
\begin{cases}
K_0 \psi(\boldsymbol{r}) = \psi^*(\boldsymbol{r}), \\
K_0(c\psi) = c^*\psi^* \neq c\psi^* = c(K_0\psi).
\end{cases}
\tag{2.31}
$$

因此 $K_0^2 = 1$, $K_0 = K_0^{-1}$。

考虑了自旋以后, 时间反演算符不再是 K_0, 因为它必须改变 $\boldsymbol{S} \to -\boldsymbol{S}$, $\boldsymbol{S} = (1/2)\boldsymbol{\sigma}$, $\boldsymbol{\sigma}$ 是泡利矩阵。但是如果时间反演算符取为 K_0, 则只将 $\sigma_y \to -\sigma_y$, 而对 σ_x、σ_y 不起作用, 所以要寻找将自旋态反向的时间反演算符。发现包含自旋的时间反演算符为

$$
K = \exp\left(\mathrm{i}\frac{\pi}{2}\sigma_y\right) \cdot K_0 = \mathrm{i}\sigma_y K_0.
\tag{2.32}
$$

自旋的时间反演算符具有下列性质:

$$
\left(\mathrm{e}^{\mathrm{i}\frac{\pi}{2}\sigma_y}\right)^2 = (\mathrm{i}\sigma_y)^2 = -I.
\tag{2.33}
$$

对于 N 个电子的系统,

$$
\begin{cases}
K = \displaystyle\prod_{j=1}^{N} [-\mathrm{i}\sigma_y(j)] K_0, \\
K^2 = (-1)^N.
\end{cases}
\tag{2.34}
$$

Kramers 定理: 如果哈密顿量是时间反演不变的, 则一个具有奇数电子系统的本征态至少是二重简并的。

Kramers 定理的证明: 对 N 个电子系统的波函数 ψ, 假定

$$
K\psi = C\psi.
$$

对方程两边再乘以时间反演算符, 得到

$$K^2\psi = (-1)^N \psi = C^*\psi^* = C^*C\psi = |C|^2\,\psi.$$

因为 $|C|^2 > 0$, 上式只有 N 是偶数时才成立; 当 N 是奇数时, 上式不成立。只有当 $K\psi$ 是一个与 ψ 线性无关的函数时, 上式才成立, 也就是这个态是二重简并的, 具体来说, 就是 $S=1/2$ 的简并态。这时轨道波函数是实数, 它的角动量分量 L_z 的本征值为 0, 称为角动量淬灭, 因为

$$|\langle\psi|L_z|\psi\rangle = -\mathrm{i}\hbar\left\langle\psi\left|\frac{\partial}{\partial\phi}\right|\psi\right\rangle$$

是一个纯虚数。而另一方面, 一个可观察的物理量必须是实的, 所以必须 $\langle\psi|L_z|\psi\rangle = 0$。

考虑立方对称晶格场中, d 电子能级分裂成 2 重的 E 能级和 3 重的 T_2 能级, 假定 E 能级在下, T_2 能级在上。四角畸变进一步将最低的 E 能级分裂成轨道单重态 A_{1g} (上) 和 B_{1g} (下), 基函数分别为 z^2 和 $x^2 - y^2$。如果磁离子包含偶数个电子, 自旋态 $S = 2$, 包含 5 个自旋态, 在 $D^{(2)}$ 空间。在晶格场下, 总的波函数为

$$A_{\mathrm{g}} \times D^{(2)} = A_{\mathrm{g}} + A_{\mathrm{g}} + B_{1\mathrm{g}} + B_{2\mathrm{g}} + B_{3\mathrm{g}}.$$

最后分裂成 5 个单重态。考虑在低对称性的晶格场中的电子态, 原来的简并态将被分裂。但是晶格场的电场 (哈密顿量) 对时间反演不变的, 因此 Kramers 简并不被晶格场解除, 不论对称性是多么低。

2.6   轨道角动量被自旋–轨道耦合的部分恢复 [1]

磁离子能级在磁场中的分裂由塞曼项给出:

$$H_Z = -\mu_{\mathrm{B}}\left(\boldsymbol{L} + 2\boldsymbol{S}\right)\cdot\boldsymbol{H}, \tag{2.35}$$

自旋–轨道耦合相互作用项:

$$H_{so} = \lambda\left(LS\right)\boldsymbol{L}\cdot\boldsymbol{S}. \tag{2.36}$$

其中, λ 是自旋–轨道耦合常数, 与多重态的量子数 L, S 有关。

如果磁离子位于自由空间中 (周围没有晶格场), 则塞曼分裂能量和自旋–轨道耦合能量很简单, 与原子物理中一样。但一般磁离子位于晶格场中, 晶格场引起磁能级的一个多重态分裂, 可以按照晶格场的对称性, 由对称群的不可约表示得到。

如果晶格场的对称性很低，则基态的所有轨道简并度都被解除，称为一个轨道单重态，用 $|\Gamma_0\rangle$ 表示：

$$H_0 |\Gamma_0\rangle = E_0 |\Gamma_0\rangle . \tag{2.37}$$

而对于激发态，

$$H_0 |\Gamma\gamma\rangle = E_{\Gamma\gamma} |\Gamma\gamma\rangle . \tag{2.38}$$

用微扰论计算微扰项 (2.35) 和 (2.36) 在基态上的能量到二级，

$$H_{\text{eff}} = H_1 + H_2, \tag{2.39}$$

其中

$$\begin{cases} H_1 = -\mu_{\text{B}} \boldsymbol{H} \cdot \langle \Gamma_0| \boldsymbol{L} |\Gamma_0\rangle - 2\mu_{\text{B}} \boldsymbol{H} \cdot \boldsymbol{S} + \lambda \boldsymbol{S} \cdot \langle \Gamma_0| \boldsymbol{L} |\Gamma_0\rangle , \\ H_2 = -\sum_{\Gamma\gamma} \dfrac{\langle \Gamma_0| V |\Gamma\gamma\rangle \langle \Gamma\gamma| V |\Gamma_0\rangle}{E_{\Gamma\gamma} - E_0}, \end{cases} \tag{2.40}$$

其中 $V = H_Z + H_{s\text{-}o}$。因此

$$H_{\text{eff}} = -\mu_{\text{B}} H_\alpha g_{\alpha\beta} S_\beta - \lambda^2 S_\alpha \Lambda_{\alpha\beta} S_\beta - \mu_{\text{B}}^2 H_\alpha \Lambda_{\alpha\beta} H_\beta, \tag{2.41}$$

其中，$\boldsymbol{g}$ 和 $\boldsymbol{\Lambda}$ 是二阶张量，

$$\begin{cases} \Lambda_{\alpha\beta} = \sum_{\Gamma\gamma} \dfrac{\langle \Gamma_0| L_\alpha |\Gamma\gamma\rangle \langle \Gamma\gamma| L_\beta |\Gamma_0\rangle}{(E_{\Gamma\gamma} - E_0)}, \\ g_{\alpha\beta} = 2\delta_{\alpha\beta} - \lambda \Lambda_{\alpha\beta}. \end{cases} \tag{2.42}$$

注意，实际上式 (2.41) 和式 (2.41) 是在自旋轨道耦合能量 $\lambda \ll E_Z$(塞曼分裂能量) 下成立的，它们只考虑态 Γ_0 和 $\Gamma\gamma$ 的轨道波函数，不考虑自旋波函数，并且认为基态是轨道单重态，式 (2.41) 是二级微扰计算的结果。有效哈密顿量 (2.41) 一般是各向异性的，它反映了晶格场的对称性。在有一个高对称性轴的情况下，如单轴对称性，一般选为 z 轴。张量 $\boldsymbol{\Lambda}$ 在这个坐标系中是对角的，沿着 z 方向是 $\Lambda_\parallel$，沿着 z 的垂直方向是 $\Lambda_\perp$。由式 (2.42)，$\boldsymbol{g}$ 张量也是这样。在单轴对称晶格场中，可以将式 (2.41) 写成

$$\begin{aligned} H_{\text{eff}} = &- g_\parallel \mu_{\text{B}} H_z S_z - g_\perp \mu_{\text{B}} (H_x S_x + H_y S_y) \\ &- D \left[S_z^2 - \frac{S(S+1)}{3} \right] - \frac{\lambda^2}{3} S(S+1) (2\Lambda_\perp + \Lambda_\parallel) \\ &- \mu_{\text{B}}^2 \left[\Lambda_\perp (H_x^2 + H_y^2) + \Lambda_\parallel H_z^2 \right], \end{aligned} \tag{2.43}$$

其中，$D = \lambda^2 (\Lambda_\parallel - \Lambda_\perp)$ 代表晶格场的不对称性。例如，一个在单轴晶格场中的自旋 $S = 3/2$ 的磁离子，假定外磁场 $\boldsymbol{H}$ 沿 z 方向，则它在磁场下的分裂为

$$H_{\text{eff}} = -g_\parallel \mu_{\text{B}} H S_z + D S_z^2 + \lambda^2 \Lambda_\perp S(S+1) + \mu_{\text{B}}^2 \Lambda_\parallel H^2. \tag{2.44}$$

晶格场中 $S = 3/2$ 的磁离子随着 D 和 H 的变化如图 2.2 所示 [1]。

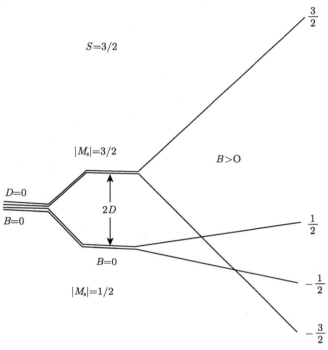

图 2.2 晶格场中 $S = 3/2$ 的磁离子随着 D 和 H 的变化

如果自旋轨道耦合能量 $\lambda \gg E_Z$，则要先考虑自旋，如果电子数 $n = 1$，按照 Kramers 定理，则基态是二重简并的，自旋 $S = 1/2$，需要利用简并微扰论。将式 (2.36) 写成

$$\left\{ \begin{array}{l} H_Z = -\mu_B \boldsymbol{H} \cdot (\boldsymbol{L} + 2\boldsymbol{S}) \\ \quad = -\mu_B \left\{ H_z \left(L_z + 2S_z \right) + \dfrac{1}{2} \left[H_+ \left(L_- + 2S_- \right) + H_- \left(L_+ + 2S_+ \right) \right] \right\}, \\ H_{so} = \lambda L \cdot S = \lambda \left[L_z S_z + \dfrac{1}{2} \left(L_+ S_- + L_- S_+ \right) \right]. \end{array} \right. \quad (2.45)$$

其中

$$\begin{array}{ll} H_+ = H_x + \mathrm{i} H_y, & H_- = H_x - \mathrm{i} H_y, \\ L_+ = L_x + \mathrm{i} L_y, & L_- = L_x - \mathrm{i} L_y, \\ S_+ = S_x + \mathrm{i} S_y, & S_- = S_x - \mathrm{i} S_y. \end{array} \quad (2.46)$$

L_+、S_+ 和 L_-、S_- 分别称为上升和下降算符，它们作用在波函数上，分别使它们

的角动量分量增加或减小 1。按照角动量理论,它们的矩阵元为

$$(L_x + \mathrm{i}L_y)_{M,M-1} = (L_x - \mathrm{i}L_y)_{M-1,M} = \sqrt{(L+M)(L-M+1)}. \tag{2.47}$$

式 (2.47) 不仅对轨道角动量 L 适用,而且对自旋角动量 S 和总角动量 J 也适用。

　　自旋–轨道耦合有两个重要的效应:① 它能恢复一些轨道角动量;② 将自旋绑在受晶格场影响的轨道运动上,提供了一个机制,让我们感觉到晶格场的取向。这就是磁各向异性现象产生的原因。

　　以下用离子绝缘体 $CuSO_4 \cdot 5H_2O$ 中的 Cu^{++} 说明在晶格场中考虑自旋–轨道耦合以后的磁能级 [3]。这个 Cu^{++} 有 9 个电子填充在 d 能级上,相当于 1 个空穴,因此至少是二重简并的,其中 Cu^{++} 位于四角对称的晶格场中。五重简并的 d 能级就分裂成 3 个非简并能级和 1 个二重简并能级,如图 2.3 所示 (文献 [3], p.102)。

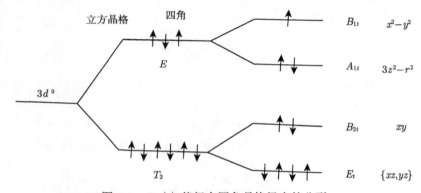

图 2.3　Cu^{++} 能级在四角晶格场中的分裂

　　单个的 d 空穴占据了 $d_{x^2-y^2}$ 能级 (最高的电子能级)。波函数是实的,如果没有自旋–轨道耦合,轨道角动量被完全淬灭。空穴基态为

$$\begin{cases} \psi(B_{1t})\,\alpha, \quad \psi(B_{1t})\,\beta, \\ \psi(B_{1t}) : \dfrac{1}{\sqrt{2}}\left(Y_2^2 + Y_2^{-2}\right). \end{cases} \tag{2.48}$$

其中,α 和 β 分别是向上和向下的自旋波函数。考虑 3 个激发态,

$$\begin{cases} \psi(B_{2t}) : \dfrac{1}{\sqrt{2}}\left(Y_2^2 - Y_2^{-2}\right), \\ \psi\left(E_t^{\pm}\right) : Y_2^{\pm 1}. \end{cases} \tag{2.49}$$

　　先考虑自旋–轨道耦合作用项式 (2.36) 和式 (2.46),因为空穴能级与电子能级相反,所以 λ 前取负号。塞曼项无所谓,因为只要改变磁场方向就能改变它的符号。自旋–轨道耦合项在晶格场中的态 (2.48) 和 (2.49) 之间的矩阵元有

$$
\begin{cases}
\langle \psi(B_{2t})\,\alpha|\,H_{so}\,|\psi(B_{1t})\,\alpha\rangle = -\lambda, \\[4pt]
\langle \psi(E_t^-)\,\beta|\,H_{so}\,|\psi(B_{1t})\,\alpha\rangle = -\dfrac{\lambda}{\sqrt{2}}, \\[4pt]
\langle \psi(B_{2t})\,\beta|\,H_{so}\,|\psi(B_{1t})\,\beta\rangle = \lambda, \\[4pt]
\langle \psi(E_t^+)\,\alpha|\,H_{so}\,|\psi(B_{1t})\,\beta\rangle = -\dfrac{\lambda}{\sqrt{2}}.
\end{cases}
\tag{2.50}
$$

利用一级微扰论，得到基态的波函数：

$$
\begin{cases}
\psi_A = \psi(B_{1t})\,\alpha + \dfrac{\lambda}{E(B_{1t})-E(B_{2t})}\psi(B_{2t})\,\alpha + \dfrac{1}{\sqrt{2}}\dfrac{\lambda}{E(B_{1t})-E(E_t^-)}\psi(E_t^-)\,\beta, \\[10pt]
\psi_B = \psi(B_{1t})\,\beta - \dfrac{\lambda}{E(B_{1t})-E(B_{2t})}\psi(B_{2t})\,\beta + \dfrac{1}{\sqrt{2}}\dfrac{\lambda}{E(B_{1t})-E(E_t^+)}\psi(E_t^+)\,\alpha.
\end{cases}
\tag{2.51}
$$

加上二级微扰能量，基态的能量为

$$
E_A = E_B = E(B_{1t}) - \frac{\lambda^2}{E(B_{1t})-E(B_{2t})} - \frac{\lambda^2}{E(B_{1t})-E(E_t)}.
\tag{2.52}
$$

由上式可见，虽然自旋–轨道耦合项 H_{so} 混合了自旋方向 (见式 (2.50))，但没有解除基态的二重简并性，这是由 Kramers 定理决定的。

再考虑外磁场下的塞曼项。假定外磁场 $\boldsymbol{H}$ 与 z 轴成 θ 角，则 $H_z = H\cos\theta$, $H_y = 0$, $H_+ = H_- = H\sin\theta$。塞曼项 H_Z 在 ψ_A 和 ψ_B 的子空间内的矩阵元为

$$
\begin{cases}
\langle \psi_{A,B}|\,H_Z\,|\psi_{A,B}\rangle = \mp\mu_B H\cos\theta\left(1 + \dfrac{4\lambda}{E(B_{2t})-E(B_{1t})}\right), \\[10pt]
\langle \psi_B|\,H_Z\,|\psi_A\rangle = -\mu_B H\cos\theta\left(1 + \dfrac{\lambda}{E(E_t)-E(B_{1t})}\right).
\end{cases}
\tag{2.53}
$$

在 ψ_A 和 ψ_B 的子空间内对角化 2×2 的矩阵，得到塞曼分裂能量

$$
E = \pm\frac{\mu_B H}{2}\sqrt{g_\perp^2\sin^2\theta + g_\parallel^2\cos^2\theta}.
\tag{2.54}
$$

其中

$$
\begin{cases}
g_\perp = 2\left(1 + \dfrac{\lambda}{E(E_t)-E(B_{1t})}\right), \\[10pt]
g_\parallel = 2\left(1 + \dfrac{4\lambda}{E(B_{2t})-E(B_{1t})}\right).
\end{cases}
\tag{2.55}
$$

$g_\perp \neq g_\parallel$，因此塞曼分裂能量与磁场方向 θ 有关，反映了晶格场的单轴对称性。值得注意的是，这里的塞曼分裂能量式 (2.54) 与前面的式 (2.43) 不同，取决于自旋–轨道相互作用能量与塞曼分裂能量的相对大小。

参 考 文 献

[1] Majlis N. The Quantum Theory of Magnetism. World Scientific, Singapore, 2000.

[2] Stohr J, Siegmann H C. 磁学——从基础知识到纳米尺度超快动力学. 姬扬译. 北京：高等教育出版社, 2012: 652.

[3] Fazekas P. Electron Correlation and Magnetism. World Scientific, Singapore, 1999.

[4] 夏建白, 葛惟昆, 常凯. 半导体自旋电子学. 北京：科学出版社, 2008.

[5] Stevens K W H. Proc. Phys. Soc., 1952, 65: 209.

第3章 铁 磁 性

3.1 铁磁性的外斯模型 [1]

外斯模型是一个描述铁磁性的唯象模型, 它引入了局域分子磁场的概念。铁磁体中自发的磁化要求有一类相互作用, 它将原子的磁偶极矩排列起来, 在空间显示出相干的图样。一个长程有序系统的最简单的例子是单畴磁体。因为铁磁体中的自旋在低温下自发地排列起来, 所以设想在没有外磁场下, 有一个局域场作用在每个自旋上。如果系统是完全均匀的, 它有一个总自发磁矩 $\boldsymbol{m}$, 则局域磁化 $\boldsymbol{M} = \boldsymbol{m}/V$, 其中 V 是总体积。所做的自然假设是作用在每个自旋上的局域场正比于 $\boldsymbol{M}$,

$$\boldsymbol{B}_{\text{loc}} = \lambda \boldsymbol{M}. \tag{3.1}$$

其中, λ 是一个常数, $\boldsymbol{B}_{\text{loc}}$ 称为外斯局域分子场。

引入了局域场以后, 顺磁磁化的布里渊公式 (2.19) 变为

$$M(T, H) = \frac{Ng\mu_{\text{B}}}{V} J B_J \left(\frac{g\mu_{\text{B}} J \left(H + \lambda M/\mu\mu_0 \right)}{k_{\text{B}} T} \right). \tag{3.2}$$

由式 (3.2) 可以证明, 在一定温度下有一个相变, 当外磁场 $H = 0$ 时, 在低温 T 下有一个自发的有限磁化。在式 (3.2) 中令 $H = 0$, $x = g\mu_{\text{B}} J M/(\mu\mu_0 k_{\text{B}} T)$, 式 (3.2) 就变成一个关于 x 的非线性方程:

$$x = \frac{N \left(g\mu_{\text{B}} J \right)^2}{V\mu\mu_0} \frac{B_J \left(\lambda x \right)}{k_{\text{B}} T}. \tag{3.3}$$

方程 (3.2) 或 (3.3) 可用数值求解法求解, 也可用作图方法求解, 如图 3.1 所示 (物理手册, p.940)。图中 M 是横坐标, 直线 M 是式 (3.2) 的左端, 右端取 $J = 1/2$, 这时 $B_{1/2}(x) = \tanh(x)$; 曲线 $f(M, T)$ 是式 (3.2) 的右端, 对不同的 T, 两条曲线相交处即为 (3.2) 的解 $M(T)$。

计算发现, 当 $x \to 0$ 时方程 (3.3) 有解。将方程 (3.3) 改写为

$$\frac{V\mu\mu_0 k_{\text{B}} T}{N \left(g\mu_{\text{B}} J \right)^2} x = B_J \left(\lambda x \right).$$

当 $x \to 0$ 时, 方程两边对 x 的微分相等, 得到

$$\frac{V\mu\mu_0 k_{\text{B}} T}{N \left(g\mu_{\text{B}} J \right)^2} = \frac{J + 1}{3J} \lambda. \tag{3.4}$$

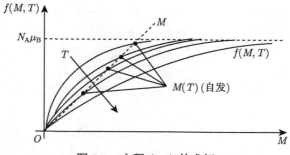

图 3.1 方程 (3.2) 的求解

由此得到铁磁的转变温度 (居里温度):

$$
\begin{cases}
T_{\mathrm{C}} = \dfrac{g^2 \mu_{\mathrm{B}}}{k_{\mathrm{B}} \mu \mu_0} M\left(0\right) \dfrac{1}{3} J\left(J+1\right) \lambda, \\
M\left(0\right) = \dfrac{N \mu_{\mathrm{B}}}{V}.
\end{cases}
\tag{3.5}
$$

从式 (3.5) 可以由 T_{C} 和 $M(0)$ 的观察值估计分子场常数 λ 的大小，并由式 (3.1) 估计分子场 B_{loc}(外斯场)。表 3.1 是过渡金属的居里温度和估计的外斯场。由表可见，外斯场很大，它是由交换作用产生的，非一般的电流线圈能产生。

表 3.1 过渡金属的居里温度和估计的外斯场

元素	Fe	Co	Ni
T_{C}/K	1043	1388	631
B_{loc}/T	1553	2067	949

下面做一些简单的估算。在式 (3.5) 中令 $g = 2, J = 1/2$，则

$$
k_{\mathrm{B}} T_{\mathrm{C}} = \frac{\mu_{\mathrm{B}}}{\mu \mu_0} B_{\mathrm{W}},
$$
$$
B_{\mathrm{W}} = \lambda M\left(0\right).
\tag{3.6}
$$

其中，B_{W} 是外斯场的估计。取 $T_{\mathrm{C}} = 1000\mathrm{K}$，则由式 (3.6) 得到外斯场 $B_{\mathrm{W}} = 1490\mu\mathrm{T}$。如果取金属的磁导率 $\mu = 1$，则与表 3.1 相符，并且 T_{C} 越大，外斯场越大。但是铁磁体的磁导率 $\mu \approx 10$ (对铁磁金属 Fe，Co，Ni)，所以外斯场还要大 10 倍。由式 (3.6) 和式 (3.5) 还可以估计外斯参数 λ 的大小:

$$
\lambda = \frac{B_{\mathrm{W}}}{M\left(0\right)} = \frac{B_{\mathrm{W}} \Omega}{\mu_{\mathrm{B}}}, \quad \Omega = \frac{V}{N}.
\tag{3.7}
$$

其中，Ω 是铁磁体中每个磁原子占的体积。取 $\Omega = 6.8 \times 10^{-29}\mathrm{m}^3$，$B_{\mathrm{W}} = 1490\mathrm{T}$，则 $\lambda = 8697$，如果考虑到 $\mu \approx 10$，则还要大 10 倍。

由于外斯理论是经典的, 在 1909 年提出, 距今已 100 多年, 再加以磁学单位的混乱, 所以各种教材中有各种表述。本文以文献 [1] 中的国际单位制作为标准 (见附录 A), 统一外斯理论。如式 (3.1), 文献 [1] 中将左端写为磁场 H_W, 单位是 A·m^{-1}, 而右端磁化 M 的单位是 V·s·m^{-2}(T), 所以左端应该是磁感应强度 B, 这样单位就一致了。又如磁化的公式 (3.2), 文献 [1] 中在布里渊函数前的系数为 $N\mu_B$ (式 (3.19))。μ_B 的单位是 V·ms, 与左边 M 的单位 V·s·m^2 不符, 所以系数应该是 $Ng\mu_B/V$, 单位体积的磁矩。至于布里渊函数 B_J 的宗量, 文献 [1] 中写为 $\mu_B(H+\lambda M)/k_B T$, $\mu_B H$ 是能量, 但 $\mu_B\lambda M$ 或 $\mu_B B_{loc}$ 就不是能量, 应该将 B_{loc} 变换为磁场, 如式 (3.2) 所示。又如文献 [2], 将布里渊函数的宗量写为 $\mu_B(B+\lambda M)/k_B T$, 同样 $\mu_B B$ 就不是能量。

3.2 铁磁体的基态 [3]

外斯模型是一个唯象的模型, 得到的外斯场或外斯系数 λ 是非常大的。海森伯解决了这个困难, 他将磁系统中不同自旋之间的相互作用归为电子交换效应。这个思想被 Dirac 和 Van Vleck 进一步发展了, 他们将电子间的库仑相互作用和泡利不相容原理相结合, 得到铁磁性的海森伯有效相互作用哈密顿量为

$$H = -J\sum_{\langle i,j\rangle} \boldsymbol{S}_i \cdot \boldsymbol{S}_j. \tag{3.8}$$

其中, $J > 0$, 求和是对所有的最近邻的原子对。这个模型的唯一方便的特征是具有一个精确的已知基态, 以及在 $T = 0$ 毫无疑问地存在长程序。单粒子激发谱以及低温下的热性质能够相对容易地得出。

首先考虑一个一般的自旋 $|\boldsymbol{S}_j| = S$, 系统的总能量是键能量 E_{ij} 之和, i 和 j 是最近邻。

$$\begin{aligned}E_{ij} &= -J\boldsymbol{S}_i\cdot\boldsymbol{S}_j = -\frac{J}{2}\left[(\boldsymbol{S}_i+\boldsymbol{S}_j)^2 - \boldsymbol{S}_i^2 - \boldsymbol{S}_j^2\right]\\ &= JS(S+1) - \frac{J}{2}(\boldsymbol{S}_i+\boldsymbol{S}_j)^2.\end{aligned} \tag{3.9}$$

如果让两个自旋平行, 则能量极小, $\boldsymbol{S}_i+\boldsymbol{S}_j = 2\boldsymbol{S}_i$。键能的极小为

$$(E_{ij})_{\min} = J[S(S+1) - S(2S+1)] = -JS^2, \tag{3.10}$$

则铁磁体的基态能量为

$$E^{FM} \geqslant \sum_{\langle i,j\rangle} (E_{ij})_{\min} = -\frac{1}{2}NzJS^2, \tag{3.11}$$

其中，N 是晶格点数目，z 是每个原子的配位数。

　　基态不是唯一的。我们发现系统具有总自旋的极大值 $S_{\text{tot}} = NS$。如果自旋沿着 z 方向，则 $S_{\text{tot}}^z = NS$ 在 z 方向有极大化。但是哈密顿量是自旋旋转不变的，因此转动总自旋到另一个方向不改变能量，基态必须是 $(2NS + 1)$ 重简并的。

　　十分一般地，基态简并指出了整个对称性的破缺。术语 "对称性破缺" 有一个非常简单的意义：H 是自旋转动不变的，而 $\boldsymbol{S}_{\text{tot}}$ 却是指向一定的方向。如果我们找到一个基态，它不具有哈密顿算符的所有对称性，则将 H 的对称性算符作用到它，就产生另一个基态。

3.3　自旋波激发

　　因为基态是极大化的 $S_{\text{tot}}^z = NS$，有理由设想将一个自旋的 z 分量减 1，从 $S_j^z = S$ 变到 $S_j^z = S - 1$，就产生了低激发态，并让这个微扰在晶体中传播。这样产生的激发称为自旋波。

　　激发一个自旋波意味着产生一个准粒子，称为磁子 (magnon)。磁子是量子化的磁化密度波，就像声子是量子化的晶格波。和声子一样，磁子是玻色子。

　　现在用自旋算符表示磁子的产生和湮灭算符。对每一个格点，有 3 个自旋算符：S_j^x, S_j^y, S_j^z，它们不是独立的，因为 $\left(S_j^x\right)^2 + \left(S_j^y\right)^2 + \left(S_j^z\right)^2 = S(S + 1)$。方便地选择 2 个独立的算符作为玻色子的产生和湮灭算符 a_j^+, a_j，它们满足正则对易关系：

$$[a_j, a_l^+] = \delta_{jl}, \quad [a_j, a_l] = [a_j^+, a_l^+] = 0. \tag{3.12}$$

现在求玻色算符与自旋算符之间的关系。基本思想是自旋分量减 1 相当于产生一个玻色子。但是不能简单地将 a_j^+ 与 S_j^- 等同起来，因为玻色子的占有数可以任意大，而自旋向下只能 $2S$ 次到 $S_j^z = -S$，然后过程就停止了。

　　下面以宏观的观点引入自旋波 [4]。假定铁磁体内的磁化 $\boldsymbol{M}(\boldsymbol{r})$ 是坐标的函数。在绝对零度下，热力学稳定态对应于均匀磁化分布的最低能量态 $\boldsymbol{M}(\boldsymbol{r}) = \boldsymbol{M}_0$，其中 $\boldsymbol{M}_0$ 是一个矢量，它的大小和方向在整个体积中是一个常数。从量子力学知道，铁磁体中 $\boldsymbol{M}(\boldsymbol{r})$ 的均匀性是由电子的交换相互作用引起的，所有原子磁矩的平行分布对应于交换能极小。

　　任何 $\boldsymbol{M}(\boldsymbol{r})$ 均匀性的扰动引起了交换能的增加，空间均匀性扰动得越大，交换能增加得越大。我们将考虑磁化 $\boldsymbol{M}(\boldsymbol{r})$ 对它的基态 $\boldsymbol{M}_0$ 的小振荡：

$$\boldsymbol{M}(\boldsymbol{r}) = \boldsymbol{M}_0 + \Delta \boldsymbol{M}(\boldsymbol{r}), \quad \Delta \boldsymbol{M}(\boldsymbol{r}) \ll \boldsymbol{M}(\boldsymbol{r}). \tag{3.13}$$

任何 $\boldsymbol{M}(\boldsymbol{r})$ 的振荡运动能够表示成许多正则 (本征) 振动的叠加。在样品很大的情况下这些正则振荡可以是驻波或者平面波，它们的波长远大于原子间距离，即

$\lambda \gg a$，因此可以将铁磁体看作是一个连续介质。这类比于晶格中的弹性振动 (声波)。

问题是求出磁化 $\boldsymbol{M}(\boldsymbol{r})$ 正则振动的频率，也就是 $\boldsymbol{M}(\boldsymbol{r})$ 的本征振动谱。为了解这个问题，必须知道铁磁能量与磁化空间分布的关系。为简单起见，先考虑一个各向同性的铁磁介质放在一个常磁场 $\boldsymbol{H}_0$ 中，这时均匀磁化的平衡矢量沿着 $\boldsymbol{H}_0$ 方向。$\boldsymbol{M}$ 对 $\boldsymbol{H}_0$ 方向的偏离引起了单位体积能量的增加：

$$- (\boldsymbol{M} - \boldsymbol{M}_0) \cdot \boldsymbol{H}_0 \tag{3.14}$$

另外，磁化的梯度引起了交换能的增加：

$$\left(\frac{A}{M_0^2} \right) \left[(\nabla M_x)^2 + (\nabla M_y)^2 + (\nabla M_z)^2 \right], \tag{3.15}$$

其中，A 是交换相互作用常数，由式 (3.15) 能量的表达式，得出 A 具有单位 J/m。因此，磁化振荡的总能量为

$$H = \int \left\{ \left(\frac{A}{M_0^2} \right) \left[(\nabla M_x)^2 + (\nabla M_y)^2 + (\nabla M_z)^2 \right] - (\boldsymbol{M} - \boldsymbol{M}_0) \cdot \boldsymbol{H}_0 \right\} \mathrm{d}\boldsymbol{r}. \tag{3.16}$$

取磁场 $\boldsymbol{H}_0$ 的方向为 z 方向，则由条件式 (3.15) 得到

$$M_x, M_y \ll M_0, \quad M_z \approx M_0 \left(1 - \frac{M_x^2 + M_y^2}{2M_0^2} \right). \tag{3.17}$$

将式 (3.17) 代入式 (3.16)，得到

$$H = \int \left\{ \left(\frac{A}{M_0^2} \right) \left[(\nabla M_x)^2 + (\nabla M_y)^2 \right] + \frac{H_0 \left(M_x^2 + M_y^2 \right)}{2M_0} \right\} \mathrm{d}\boldsymbol{r}. \tag{3.18}$$

代替 M_x 和 M_y，引入它们的复组合，$M^{\pm} = M_x \pm \mathrm{i} M_y$，则式 (3.18) 可写为

$$H = \int \left[\left(\frac{A}{M_0^2} \right) (\nabla M^+ \nabla M^-) + \left(\frac{H_0}{2M_0} \right) M^+ M^- \right] \mathrm{d}\boldsymbol{r}. \tag{3.19}$$

用傅里叶级数形式写出 M^+ 和 M^-：

$$\begin{cases} \boldsymbol{M}^- (\boldsymbol{r}) = \left(\dfrac{2m_\mu M_0}{V} \right)^{1/2} \sum_{\boldsymbol{k}} \boldsymbol{b}_{\boldsymbol{k}} \mathrm{e}^{\mathrm{i} k \cdot r}, \\[3mm] \boldsymbol{M}^+ (\boldsymbol{r}) = \left(\dfrac{2m_\mu M_0}{V} \right)^{1/2} \sum_{\boldsymbol{k}} \boldsymbol{b}_{\boldsymbol{k}}^* \mathrm{e}^{-\mathrm{i} k \cdot r}. \end{cases} \tag{3.20}$$

其中，$m_\mu = \gamma h$，γ 是旋磁比，m_μ 具有磁矩的单位 V·s·m。求和号前的因子是磁化的单位，因此 $\boldsymbol{b}_{\boldsymbol{k}}$ 是无量纲的。将式 (3.20) 代入式 (3.19)，利用

$$\frac{1}{V} \int \mathrm{e}^{\mathrm{i} (\boldsymbol{k} - \boldsymbol{k}') \cdot r} \mathrm{d}\boldsymbol{r} = \delta_{\boldsymbol{k}\boldsymbol{k}'}, \tag{3.21}$$

得到

$$H = m_\mu \sum_{\boldsymbol{k}} \left(\frac{2A}{M_0} k^2 + H_0 \right) b_{\boldsymbol{k}}^* b_{\boldsymbol{k}}. \tag{3.22}$$

式 (3.22) 可以看作是准粒子——磁子的能量之和，它具有准动量 $\boldsymbol{p} = \hbar\boldsymbol{k}$，有效质量 $m^* = M_0 \hbar^2 / 4 m_\mu A$，以及磁矩 m_μ。每个磁子具有能量

$$E_{\mathrm{k}} = \frac{2 m_\mu A}{M_0} k^2 + m_\mu H_0. \tag{3.23}$$

由式 (3.19) 和式 (3.20) 可以求得磁子的数目：

$$\sum_{\boldsymbol{k}} b_{\boldsymbol{k}}^* b_{\boldsymbol{k}} = \sum_{\boldsymbol{k}} n_{\boldsymbol{k}} = \frac{m_0 - m_z}{m_\mu}, \tag{3.24}$$

其中

$$m_0 = M_0 V, \quad m_z = \int M_z \mathrm{d}\boldsymbol{r}, \tag{3.25}$$

是磁矩。由式 (3.25) 可见 $m_\mu = \gamma h$ 的物理意义：每个磁子的磁矩。

$T = 0\mathrm{K}$ 时的平衡态是没有任何振荡的态，也就是磁子的数目为零，但是一定数目的磁子能够被外界适当的作用 (力学或电磁学的) 激发。$T > 0\mathrm{K}$ 的热运动也能激发平均能量 E_{k} 的自旋波。在一给定温度 T 下被激发自旋波平均数由统计物理相应的公式给出。类似于晶格中的声波 (声子)，期望磁子也服从玻色–爱因斯坦量子统计。

至此所有的计算还是经典的，磁化 $\boldsymbol{M}(\boldsymbol{r})$ 可以看作是一个经典的矢量场，磁化分量是对易的。引入量子力学，物理量变成了算符，并且满足对易关系。类似于角动量算符的对易关系，对磁矩和磁化算符有

$$\begin{cases} \hat{m}_y \hat{m}_x - \hat{m}_x \hat{m}_y = \mathrm{i} m_\mu m_0, \\ \int \left[\hat{M}_y(\boldsymbol{r}) \hat{M}_x(\boldsymbol{r}') - \hat{M}_x(\boldsymbol{r}') \hat{M}_y(\boldsymbol{r}) \right] \mathrm{d}\boldsymbol{r} \mathrm{d}\boldsymbol{r}' = \mathrm{i} m_\mu M_0 \int \delta(\boldsymbol{r} - \boldsymbol{r}') \mathrm{d}\boldsymbol{r} \mathrm{d}\boldsymbol{r}'. \end{cases} \tag{3.26}$$

将 $\hat{M}_x, \hat{M}_y$ 算符换成 $\hat{M}^\pm$ 算符，得到

$$\hat{M}^+(\boldsymbol{r}) \hat{M}^-(\boldsymbol{r}') - \hat{M}^-(\boldsymbol{r}') \hat{M}^+(\boldsymbol{r}) = 2 m_\mu M_0 \delta(\boldsymbol{r} - \boldsymbol{r}'). \tag{3.27}$$

在式 (3.20) 中的 $b_{\boldsymbol{k}}$ 和 $b_{\boldsymbol{k}}^*$ 换成算符 $\hat{b}_{\boldsymbol{k}}, \hat{b}_{\boldsymbol{k}}^+$，再代入式 (3.27) 左端，得到算符 $\hat{b}_{\boldsymbol{k}}, \hat{b}_{\boldsymbol{k}}^+$ 的对易关系：

$$\hat{b}_{\boldsymbol{k}} \hat{b}_{\boldsymbol{k}'}^+ - \hat{b}_{\boldsymbol{k}'}^+ \hat{b}_{\boldsymbol{k}} = \delta_{\boldsymbol{k}\boldsymbol{k}'}, \tag{3.28}$$

所以磁子是玻色子，在任何一个态中的占据数可以是任意的。能量为 E_{k}(式 (3.23)) 的磁子平均数满足玻色–爱因斯坦分布函数：

$$\tilde{n}_{\boldsymbol{k}} = \frac{1}{\mathrm{e}^{E_{\mathrm{k}}/k_{\mathrm{B}}T} - 1}. \tag{3.29}$$

磁化振荡的能量为

$$E = H = \sum_{\mathbf{k}} E_{\mathbf{k}} n_{\mathbf{k}} = \sum_{\mathbf{k}} E_{\mathbf{k}} \hat{b}_{\mathbf{k}}^{+} b_{\mathbf{k}}. \tag{3.30}$$

算符 $\hat{b}_{\mathbf{k}}$, $\hat{b}_{\mathbf{k}}^{+}$ 作用在粒子数表象中具有下列性质:

$$\begin{aligned} \langle n_{\mathbf{k}} | \, \hat{b}_{\mathbf{k}} \, | n_{k} + 1 \rangle &= \sqrt{n}_{\mathbf{k}} + 1, \\ \langle n_{\mathbf{k}} | \, \hat{b}_{\mathbf{k}}^{+} \, | n_{k} - 1 \rangle &= \sqrt{n}_{\mathbf{k}}. \end{aligned} \tag{3.31}$$

由式 (3.31) 可见, 算符 $\hat{b}_{\mathbf{k}}$, $\hat{b}_{\mathbf{k}}^{+}$ 分别使态 $\mathbf{k}$ 的磁子数减小 1 或者增加 1, 因此分别称为湮灭和产生算符, 前面系数的平方是这个过程的概率.

3.4 铁磁性的能带理论

历史上过渡金属 (含有 d 电子)Fe、Co、Ni 及其合金的磁性质构成了整个磁学领域的核心, 因为这些金属的电子结构正好给出了室温下的合适磁矩. 虽然稀土或者 $4f$ 元素在磁学中也非常重要, 但它们的纯金属在室温下都是顺磁性的.

过渡金属能带的特点是局域化和非局域化 (巡游) 行为的共存. 对于非局域化的电子, 动能占据主导地位, 电子像布洛赫波在晶体中运动. 对于局域化电子, 电子局域在晶体的不同位置上.

铁磁体中的电子包括 s、p、d 电子. s 和 p 电子是巡游电子, 在晶体中是非局域化的, 构成能带. 比较特殊的是 d 电子, 每个原子有 5 个 d 原子轨道: d_{xy}、d_{xz}、d_{yz}、$d_{x^2-y^2}$、$d_{3z^2-r^2}$ 以及自旋向上和自旋向下的波函数. 在 3d 金属原子中, 3d 和 4s 价电子的数目如表 3.2 所示.

表 3.2   自由的过渡金属原子中 3d 和 4s 价电子的数目 [1]

	K	Ca	Sc	Ti	V	Cr	Mn	Fe	Co	Ni	Cu	Zn
$N_{3\mathrm{d}}$	0	0	1	2	3	5	5	6	7	8	10	10
$N_{4\mathrm{s}}$	1	2	2	2	2	1	2	2	2	2	1	2
$N_{3\mathrm{d}+4\mathrm{s}}$	1	2	3	4	5	6	7	8	9	10	11	12

假定金属中原子的电子填充与自由原子一样, 例如 Fe 有 6 个 3d 电子和 2 个 4s 电子, 因为 d 电子壳层没有填满, 所以会产生磁矩. 根据电子填充的洪德定则, d 壳层有 5~9 个电子的原子基态的量子数 S、L、J 和原子项 $^{2S+1}L_{\mathrm{J}}$、朗德 g_J 因子列于表 3.3. 但是在过渡金属中测量得到的磁矩就不等于 $g_J \mu_B$, 而是 $m_{\mathrm{exp}} = 2.216\mu_B$, $1.715\mu_B$, $0.616\ \mu_B$ 分别对 Fe, Co, Ni, 说明过渡金属中的 d 电子是不完全局域的.

表 3.3 **d壳层有 5~9 个电子的原子基态的量子数 S、L、J 和原子项 $^{2S+1}L_J$、朗德 g_J 因子 [1]**

m_l	+2	+1	0	−1	−2	S	L	J	$^{2S+1}L_J$	g_J
d^5	↓	↓	↓	↓	↓	5/2	0	5/2	$^6S_{5/2}$	2
d^6	↑↓	↓	↓	↓	↓	2	2	4	$^5D_4$	3/2
d^7	↑↓	↑↓	↓	↓	↓	3/2	3	9/2	$^4F_{9/2}$	4/3
d^8	↑↓	↑↓	↑↓	↓	↓	1	3	4	$^3F_4$	5/4
d^9	↑↓	↑↓	↑↓	↑↓	↓	1/2	2	5/2	$^2D_{5/2}$	6/5

Stoner 等用局域自旋密度泛函理论 (LSDA) 计算了过渡金属的能带，考虑了交换相互作用分裂 Δ。计算结果定性地如图 3.2 所示，其中的半圆分别代表自旋向上和向下电子态的态密度。量子化的方向是沿着假设的一个外磁场 $H_{\text{ext}\parallel}M$，自旋 $s_z = -1/2$ 的态能量低，而 $s_z = 1/2$ 的态能量高，相差 Δ，分别称为多数自旋能带和少数自旋能带。多数态和少数态的数目差决定了金属的磁矩。由图可见，总是少数自旋沿着 M 的方向。因为磁矩 m 在外磁场 H 中的能量为

$$E = -\boldsymbol{m} \cdot \boldsymbol{H}, \tag{3.32}$$

而电子磁矩 m 与电子自旋 s 的关系为

$$\boldsymbol{m} = -\frac{2\mu_{\text{B}}}{\hbar}\boldsymbol{s}. \tag{3.33}$$

其中，μ_{B} 为玻尔磁子。由式 (3.33) 可见，电子的磁矩与自旋是反向的，因为电子带负电荷，因此图 3.2 就不难理解。右边的少数自旋电子自旋向上，磁矩向下，因此在外磁场中能量比多数自旋的电子要高，所以它总是沿着 M 的方向。

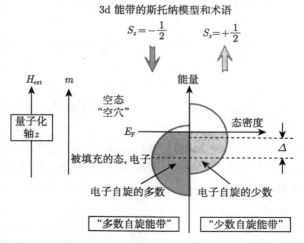

图 3.2 解释过渡金属磁性的斯托纳能带模型 ([1], p.201)

　　图 3.3 是实际用第一原理方法计算的 Fe、Co、Ni 和非磁性 Cu 的态密度。对铁磁晶体，多数自旋和少数自旋能带有分裂 Δ，从图上态密度最大峰值的相对位移得到 Fe 是 2.2eV，Co 是 1.7eV，Ni 是 0.6eV，与实验测得的磁矩基本是一致的。虚线是费米能级。Cu 的多数自旋和少数自旋能带相同，因此没有磁性。因为多数自旋能带被完全占据，Ni 和 Co 被称为强铁磁体，Fe 被称为弱铁磁体，Cu 是非磁性的 (见 [1]，449 页)。图中平坦的态密度是由 s-p 电子产生的，它们的能带宽度比 d 电子大得多，因此它们是非局域的。

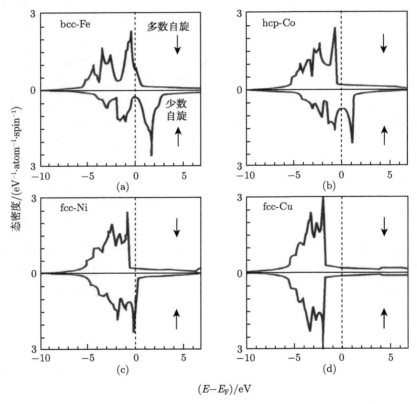

图 3.3　第一原理方法计算的 Fe、Co、Ni 和非磁性 Cu 的态密度 [1]

　　图 3.3 中，下半部分态密度是少数自旋，自旋向上；上半部分是多数自旋，自旋向下。图 3.4 给出了态密度对能量积分以后的定量结果。积分开始于电子能带的底部 −10eV，积分到能量 $E - E_F \leqslant 10$eV。(a)、(c) 是 d 电子的数目和对磁矩的关系，(b)、(d) 是 s+p+d 电子的。由图 3.4 可以得出，对 Fe、Co、Ni 磁矩几乎来自 d 电子，有 s-p 电子的结果和没有 s-p 电子的结果非常类似。仔细考察以后可以看出 s-p 的贡献与 d 贡献的符号相反。

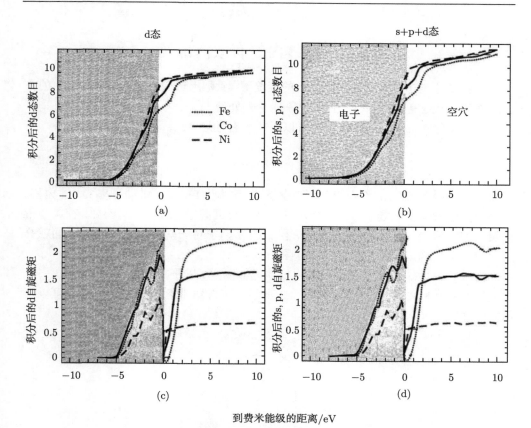

图 3.4 图 3.3 中态密度对能量积分的结果 [1]

由态密度对能量的积分可以从理论上计算过渡金属的纯磁矩。因为对磁矩的贡献主要来自 d 电子，所以只考虑 d 电子的能带和态密度。d 电子能带一般较窄，宽度不超过 20eV。取费米能级 E_F 为 0，从 $-10eV$ 能量处对多数自旋和少数自旋的态密度积分至 0eV，得到多数自旋和少数自旋的 d 电子数。再从 0eV 积分到 10eV，就得到空态 d 电子数，称为空穴。将两个带的 d 电子数和 d 空穴数相加，应该分别等于满带的 5，实际计算小于 5，因为在固体中 d 带扩展不止在这 20eV 范围内。由图 3.4(a) 可见，当 $E = 10eV$ 时，3 个金属的总 d 电子数不到 10。

过渡金属的磁矩 $m = (n_1 - n_2)\mu_B$，其中 n_1 和 n_2 分别为多数自旋和少数自旋的 d 电子数。多数自旋和少数自旋的 d 空穴数分别为 $(5 - n_1)$ 和 $(5 - n_2)$，所以金属磁矩也等于空穴数相减乘以 μ_B。图 3.4(c) 在 $E > 0$ 处就是由空穴数差计算的磁矩，它们分别为 2.216(Fe)、1.715(Co) 和 0.616(Ni)μ_B。

3.5　铁磁体内的有效内部场

在铁磁体包含各向异性和退磁场的情况下,原则上可用 3.4 节二次量子化的方法来处理,但是复杂得多。下面用唯象理论来处理[4]。

假定磁化在 $\omega_0 = \gamma H_0$ 的响应可以用一个有效场 $\boldsymbol{H}_{\text{eff}}$ 表示,

$$\frac{\mathrm{d}\boldsymbol{M}}{\mathrm{d}t} = -\gamma \left(\boldsymbol{M} \times \boldsymbol{H}_{\text{eff}} \right). \tag{3.34}$$

有效场和外磁场 $\boldsymbol{H}_0$ 的差别引起了共振频率相对于 Larmor 进动频率 ω_0 的偏移。如果不完全考虑有效场,则由实验得到的光谱分裂因子 g 特别高。例如,在第一批铁磁共振实验中,假定了 $H_{\text{eff}} = H_0$,得到的 g 因子对一些样品高达 20。下面就介绍一种方法来确定内部有效场的大小和方向。

内部有效场能由一个变分原理很好地近似确定。以平衡磁化 $\boldsymbol{M}$ 为轴向,引入局域的 $\boldsymbol{M}$ 坐标系 (r, θ, φ),如图 3.5 所示。在直角坐标系中的磁化分量可以表示为

$$M_x = M \sin\theta \cos\varphi, \quad M_y = M \sin\theta \sin\varphi, \quad M_z = M \cos\theta. \tag{3.35}$$

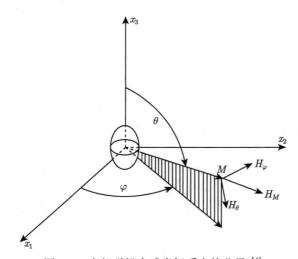

图 3.5　内部磁场在球坐标系中的分量[4]

内部场的球坐标中的分量用直角坐标系中的分量表示为

$$\begin{aligned}
H_M &= H_x \sin\theta \cos\varphi + H_y \sin\theta \sin\varphi + H_z \cos\theta, \\
H_\theta &= H_x \cos\theta \cos\varphi + H_y \cos\theta \sin\varphi - H_z \cos\theta, \\
H_\varphi &= -H_x \sin\varphi + H_y \cos\varphi.
\end{aligned} \tag{3.36}$$

在一个热力学平衡状态下，铁磁体的磁化 M 方向与内磁场 H_{eff} 的方向相反，内磁场的大小由自由能 F 确定，在具体情况下 F 如何确定在下面讨论。

$$H_M = -\frac{\partial F}{\partial M}. \tag{3.37}$$

这时有效场的分量 H_θ 和 H_φ 为零。矢量 M 的平衡取向角 θ_0 和 φ_0 由下列方程确定：

$$\frac{\partial F}{\partial \theta} = 0, \quad \frac{\partial F}{\partial \varphi} = 0, \tag{3.38}$$

也就是 M 的平衡取向位于自由能极小处，一般只有在磁化在整个样品中均匀的情况下才能求得。

考虑非平衡时，M 偏离它的平衡取向，在 M 坐标系 (图 3.4) 中，它的运动方程 (3.34) 表示为

$$\dot{\theta} = \gamma H_\varphi, \quad \dot{\varphi} \sin \theta = -\gamma H_\theta. \tag{3.39}$$

有效场

$$H_\theta = -\frac{1}{M}\frac{\partial F}{\partial \theta}, \quad H_\varphi = -\frac{1}{M \sin \theta}\frac{\partial F}{\partial \varphi}. \tag{3.40}$$

如果 M 偏离平衡 (θ_0, φ_0)，

$$\delta\theta\,(t) = \theta\,(t) - \theta_0, \quad \delta\varphi\,(t) = \varphi\,(t) - \varphi_0. \tag{3.41}$$

与它的平衡值 θ_0 和 φ_0 相比很小，就可以限制到展开的线性项：

$$F_\theta = F_{\theta\vartheta}\delta\theta + F_{\theta\varphi}\delta\varphi, \quad F_\varphi = F_{\varphi\theta}\delta\theta + F_{\varphi\varphi}\delta\varphi. \tag{3.42}$$

由式 (3.38)、式 (3.40)、式 (3.42) 可以得到关于 $\delta\theta$ 和 $\delta\varphi$ 的联立方程：

$$\begin{aligned}
-\gamma^{-1} M \sin\theta_0 \left(\delta\dot{\theta}\right) &= F_{\varphi\theta}\delta\theta + F_{\varphi\varphi}\delta\varphi, \\
\gamma^{-1} M \sin\theta_0 \left(\delta\dot{\varphi}\right) &= F_{\vartheta\theta}\delta\theta + F_{\theta\varphi}\delta\varphi,
\end{aligned} \tag{3.43}$$

假定 $\delta\theta$ 和 $\delta\varphi \sim \exp(\mathrm{i}\omega t)$，式 (3.43) 就化为 $\delta\theta$ 和 $\delta\varphi$ 的齐次联立方程，有解条件是系数行列式为 0，得到

$$\begin{aligned}
F_{\theta\varphi}^2 - F_{\theta\vartheta}F_{\varphi\varphi} + \omega^2\gamma^{-2}M^2\sin^2\theta_0 &= 0, \\
\omega_{\mathrm{res}} = \gamma H_{\mathrm{eff}} &= \frac{\gamma}{M \sin\theta_0}\sqrt{F_{\vartheta\theta}F_{\varphi\varphi} - F_{\theta\varphi}^2},
\end{aligned} \tag{3.44}$$

其中，ω_{res} 是铁磁共振频率，H_{eff} 是内部有效场。但样品的自由能 F 具体形式不知道，所以式 (3.44) 只是一个形式的公式。

3.6　铁磁体中的铁磁共振

假定在恒定磁场 $\boldsymbol{H}_0$ 的垂直方向加一个交变磁场 $h_x = h_0 \mathrm{e}^{\mathrm{i}\omega t}$, h_x 与样品磁化 $\boldsymbol{M}(\boldsymbol{r})$ 的相互作用为

$$H_W = -\int h_x M_x \mathrm{d}\boldsymbol{r}. \tag{3.45}$$

对小的 h_x, $h_0 \ll H_0$, H_W 可看作微扰, 引起磁子能级 (3.23) 之间的跃迁。

如果 h_0 不依赖于坐标, 则由式 (3.20) 可将式 (3.45) 化成算符的形式:

$$H_W = -\left(\frac{m_\mu M_0 V}{2}\right)^{1/2} h_x \sum_{\boldsymbol{k}} \left(\hat{b}_{\boldsymbol{k}} + \hat{b}_{\boldsymbol{k}}^+\right) \delta_{\boldsymbol{k},0}. \tag{3.46}$$

由式 (3.45) 可见, 由于 $\delta_{\boldsymbol{k},0}$ 因子, 交变磁场只能激发 $\boldsymbol{k} = 0$ 的磁子, 跃迁的选择定则为

$$\Delta n_{\boldsymbol{k}=0} = \pm 1, \quad \Delta n_{\boldsymbol{k}\neq 0} = 0. \tag{3.47}$$

因此铁磁共振的能量为

$$\begin{aligned} \hbar\omega_0 &= m_\mu H_0, \\ \omega_0 &= 2\pi\gamma H_0. \end{aligned} \tag{3.48}$$

从经典的角度, $\boldsymbol{k} = 0$ 磁子相当于磁矩的均匀进动 ($\lambda = \infty$), 如图 3.6(a) 所示 ([4], p.86)。

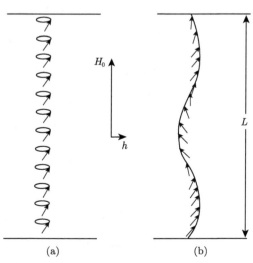

图 3.6　(a) 均匀进动 ($\boldsymbol{k} = 0, \lambda = \infty$); (b) $\boldsymbol{k} \neq 0$ 的自旋波 ($k_z = 3\pi/L, L = 3\lambda/2$)

至少有两种可能性在铁磁体中激发 $k \neq 0$ 磁子，一种可能性是高频磁场的趋肤效应使得 h_x 不是空间均匀的，具有 $e^{-iP \cdot r}$ 分量，因此在式 (3.45) 中的 δ 因子变为 $\delta_{k,P}$。交变磁场就能激发 $k = P$ 的磁子。

另一种可能性是样品不可能是无限的，它具有边界。边界条件使得波矢 k 不是连续变化的，而是分立的值。如果沿 z 方向样品的长度为 L，则

$$k_z = \frac{n\pi}{L}, \quad L = \frac{n}{2}\lambda. \tag{3.49}$$

$n = 3$ 的自旋波磁子如图 3.6(b) 所示。取 $k_x = k_y = 0, k_z = n\pi/L$，则由式 (3.23) 得到共振频率：

$$\nu_n = \frac{2A\gamma}{M_0}\left(\frac{n\pi}{L}\right)^2 + \gamma H_0. \tag{3.50}$$

需要注意的是，在式 (3.49) 和式 (3.50) 中 n 必须是奇数。因为如果激发磁场 h_x 是均匀的，则由式 (3.45) 要求 $\int M_x \mathrm{d}r \neq 0$。由图 3.6(b) 可见，$n$ 必须是奇数。

图 3.7 是一块 390nm 厚的透磁合金 (permalloy, 81%Ni, 19%Fe) 在 8890MHz 交变磁场下的自旋波共振吸收谱 [4]，横坐标是磁场，上面的横坐标是自旋波的序数 n。从 $n = 0$ 开始，在 n 为奇数处有一系列的共振峰，对应于式 (3.50)。第一个共振峰对应于 $n = 5$，$n = 3$ 和 1 的峰没有观察到，这是因为趋肤效应。另外，在奇数峰之间还有一些小峰，这是由 h_z 不完全均匀产生的。由各个峰之间的间距可以求得相互作用常数 A。在图 3.7 的例子中求得 $A = 0.55 \times 10^{-6}$erg/cm。

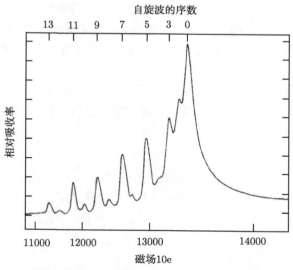

图 3.7　一块 390nm 厚的透磁合金在 8890MHz 交变磁场下的自旋波共振吸收谱

3.7 影响铁磁共振频率的各种因素

1. 铁磁晶体各向异性对共振频率的影响

由于晶体的各向异性，共振频率与外磁场与晶体对称主轴之间的夹角有关。实验发现，在一个固定的微波频率下，如果磁场沿易磁轴方向，共振的磁场最小；而当磁场沿难磁化方向时磁场最大。易磁化和难磁化方向是由晶体的磁对称性决定的。

首先必须有一个各向异性能量的具体表示式，才能由式 (3.48) 计算共振频率。Akulov 首先证明，晶体磁各向异性能量 F_a 能够由磁化方向相对于主轴的夹角余弦的级数表示。对一个立方对称性晶体，

$$F_a = K_0 + K_1 \left(\alpha_1^2 \alpha_2^2 + \alpha_2^2 \alpha_3^2 + \alpha_3^2 \alpha_1^2 \right) + K_2 \alpha_1^2 \alpha_2^2 \alpha_3^2 + \cdots, \tag{3.51}$$

其中，α_1、α_2、α_3 是 $\boldsymbol{M}_s$ 相对于立方主轴的方向余弦；K_1 和 K_2 是第一和第二各向异性常数。"零" 各向异性常数 K_0 是单晶沿易磁轴磁化的能量。对于单轴对称性的晶体，有

$$F_a = K_0' + K_1' \alpha_3^2 + K_2' \alpha_3^4 + \cdots = K_0 + K_1 \beta_3^2 + K_2 \beta_3^4 + \cdots, \tag{3.52}$$

其中，β_3 是磁化与单晶主轴夹角的正弦。在磁化的不同方向 F_a 有极值。由式 (3.52) 可见，当 $\beta_3 = 0$ 时能量最低，也就是磁化一般沿着易磁轴方向。各向异性常数在接近居里温度时非常小，当温度下降时迅速增加。在不同的铁磁体中第一各向异性常数在 $10^3 \sim 10^6 \mathrm{erg/cm}^3$ 变化，在大多数情况下远超过第二和下面的各向异性常数。

由式 (3.52) 计算共振频率还是比较复杂的。Landau 和 Lifshitz 首先从理论上预言了，当磁化垂直于易磁方向时各向异性效应能简化为一个等价场：

$$H_A = \frac{2 |K_1|}{M_s}. \tag{3.53}$$

其中，M_s 是饱和磁化；H_A 通常在易磁方向。当 $\theta = 0$，也就是外磁场沿六角晶体的主轴 z，(即易磁轴) 时，对一个球形样品，$\boldsymbol{M}_s$ 和 $\boldsymbol{H}_0$ 总是方向一致的。在这种情况下，内部的有效场等于外磁场 H_0 和等价的各向异性场 H_A 之和，共振频率为

$$\frac{\omega_{\mathrm{res}}}{\gamma} = H_0 + \frac{2 K_1}{M_s}. \tag{3.54}$$

图 3.8 是单轴晶体中磁场相对于主轴的不同方向 θ 时共振频率作为磁场 H_0/H_A 的函数 [4]，其中曲线 1 是 $\theta = 0$，曲线 2 是 $\theta = \pi/2$，曲线 3 是 $\theta = \pi/2 - 0.01$。曲

线 4 是 $K_1 < 0$ 的情形, 如化合物 $NiMnO_3$ 和 $CoMnO_3$, H_A 大于 $5 \times 10^4 Oe$, 则共振频率为

$$\left(\frac{\omega_{\mathrm{res}}}{\gamma} \right)^2 = H_0 \left(H_0 + 2 \frac{|K_1|}{M_{\mathrm{s}}} \right). \tag{3.55}$$

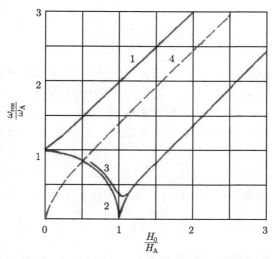

图 3.8 单轴晶体中磁场相对于主轴的不同方向 θ 时共振频率作为磁场 H_0/H_A 的函数

下面考虑立方对称的铁磁体, 取对称轴为 x, y, z。一个球形样品 (也就是不考虑形状的各向异性) 的自由能密度为

$$F = F_{\mathrm{a}} - M_{\mathrm{s}} \cdot H_0 = K_1 f(\vartheta, \varphi) - M_{\mathrm{s}} H_0 \left[\sin \theta \sin \vartheta \cos(\varPhi - \varphi) + \cos \theta \cos \varphi \right],$$

$$f(\vartheta, \varphi) = \frac{1}{4} \left(\sin^2 2\vartheta + \sin^4 \vartheta \sin^2 2\varphi \right), \tag{3.56}$$

其中, (ϑ, φ) 是 M_{s} 的极向角; $(\theta, \varPhi)$ 是 H_0 的极向角。

令 $\varPhi = \pi/4$, 也就是磁场在 (011) 平面内, 从平衡条件,

$$F_\vartheta = \frac{\partial F}{\partial \vartheta} = 0, \quad F_\varphi = \frac{\partial F}{\partial \varphi} = 0. \tag{3.57}$$

得到

$$\eta \frac{\partial f}{\partial \vartheta} = \sin \theta \cos \vartheta \sin \left(\varphi + \frac{\pi}{4} \right) - \cos \theta \sin \vartheta,$$

$$\eta \frac{\partial f}{\partial \varphi} = -\sin \theta \sin \vartheta \sin \left(\varphi - \frac{\pi}{4} \right), \tag{3.58}$$

其中, $\eta = K_1 / M_{\mathrm{s}} H_0$。先由式 (3.58) 求得 M_{s} 的平衡极向角 ϑ_0, φ_0, 然后将式 (3.56) 代入式 (3.44) 计算共振频率。数值计算的结果示于文献 [4] 的 38、39 页。

如果外磁场沿易磁轴方向，M_s 和 H_0 总是方向一致，共振频率是磁场的线性函数。如果外磁场沿难磁轴方向，对 $K_1 > 0$ 的晶体，磁场沿 [100] 方向，$\theta = 0$，

$$\frac{\omega_{\text{res}}}{\gamma} = H_0 \mp 2\frac{|K_1|}{M_s}. \tag{3.59}$$

对 $K_1 < 0$ 的晶体，磁场沿 [111] 方向，$\theta = 54°44'$，

$$\frac{\omega_{\text{res}}}{\gamma} = H_0 \pm \frac{4\,|K_1|}{3M_s}. \tag{3.60}$$

共振频率与磁场呈线性关系。一般情况下，认为铁磁体中除了外磁场外还有一个内部场，它的方向和外场 H_0 不一定一致。它主要在易磁轴方向，但是在其他方向也有小分量。本节由式 (3.44) 计算得到共振频率 ω_{res}。

但对有些情况下，我们需要知道内部场的大小和方向。我们取铁磁体的自由能为

$$F = -(M_s \cdot H_0) + \frac{1}{2}\left(N_x M_{sx}^2 + N_y M_{sy}^2 + N_z M_{sz}^2\right). \tag{3.61}$$

其中，N_x，N_y，N_z 是磁各向异性因子。由内部场公式 (3.40) 可计算得到

$$\boldsymbol{H}_M = -\left(N_x M_{sx}\hat{\boldsymbol{x}} + N_y M_{sy}\hat{\boldsymbol{y}} + N_z M_{sz}\hat{\boldsymbol{z}}\right). \tag{3.62}$$

如果铁磁体是一个单轴晶体，易磁轴在 z 方向，则 $N_z \gg N_x, N_y$。由式 (3.62) 可见，内部场主要在易磁轴方向，在其他两个方向上分量很小。另外，磁各向异性因子 N 的单位是 $1/\mu_0$。方程 (3.61) 和 (3.62) 是平衡时的方程，在动态，例如铁磁共振时磁化 M_s 在空间进动，因此内部场也随时间变化。一般情况下，将内部场写为

$$\boldsymbol{H}_M = H_{1z}m_z\hat{\boldsymbol{z}} + H_{1x}m_x\hat{\boldsymbol{x}} + H_{1y}m_y\hat{\boldsymbol{y}}, \tag{3.63}$$

其中，m_x，m_y，m_z 是磁化方向单位矢量的分量，内部场与外磁场不同，它与磁化方向有关。

2. 铁磁晶体的形状对共振频率的影响

现在实验一般取薄膜形状的铁磁体，它在三维方向的不对称肯定对共振频率有影响。先考虑均匀的磁各向同性样品，例如，超透磁合金 (supermalloy，75% Ni-Fe，60% Fe-Co)，磁各向异性在很大的温度范围内几乎为 0。依赖于磁化矢量的取向，一个主轴沿坐标轴的椭球样品的单位体积的自由能：

$$F = -(M_s \cdot H_0) + \frac{1}{2}\left(N_x M_{sx}^2 + N_y M_{sy}^2 + N_z M_{sz}^2\right), \tag{3.64}$$

其中，M_s 是饱和磁化；N_x，N_y，N_z 是退磁形状因子，满足

$$N_x + N_y + N_z = 4\pi. \tag{3.65}$$

一个椭球具有 3 个主轴 l_x, l_y, l_z, 这三者之间没有任何关系, 则退磁形状因子可以用第一和第二类椭圆积分表示 [5,6]。假定 M_s 沿 (θ, φ) 极化角方向, 外磁场沿 z 方向, 见图 3.4。选择 x 轴作为极化轴, 则式 (3.64) 可写为

$$F = -M_s H_0 \sin \vartheta \sin \varphi$$
$$+ \frac{1}{2} M_s^2 \left(N_y \sin^2 \vartheta \cos^2 \varphi + N_z \sin^2 \vartheta \sin^2 \varphi + N_x \cos^2 \vartheta \right). \tag{3.66}$$

由式 (3.38) 得到 M_s 的平衡位置,

$$\varphi_0 = \frac{\pi}{2}, \quad \sin \vartheta_0 = \frac{H_0}{M_s (N_z - N_x)}, \quad H_0 < M_s (N_z - N_x), \tag{3.67}$$

以及

$$\varphi_0 = \frac{\pi}{2}, \quad \vartheta_0 = \frac{\pi}{2}, \quad H_0 \geqslant M_s (N_z - N_x). \tag{3.68}$$

如果椭球的长轴沿 z 方向, 则 $N_z < N_x$, 内部场沿 z 方向, 如果外场也沿 z 方向, 则内部场和外场的方向一致。计算 F 对 ϑ, φ 的二次微分, 利用式 (3.44) 就可得到共振频率。对式 (3.67) 的情况,

$$\frac{\omega_{\text{res}}}{\gamma} = \sqrt{\frac{N_y - N_x}{N_z - N_x} \left[M_s^2 (N_z - N_x)^2 - H_0^2 \right]}$$
$$\approx M_s \sqrt{(N_y - N_x)(N_z - N_x)}. \tag{3.69}$$

对式 (3.68) 的情况,

$$\frac{\omega_{\text{res}}}{\gamma} = \sqrt{[H_0 + (N_x - N_z) M_s][H_0 + (N_y - N_z) M_s]}. \tag{3.70}$$

如果样品是一个绕 z 轴旋转的椭球, 半轴 $l_x = l_y = l_\perp$, $l_z = l_\parallel$, 则 $N_x = N_y = N_\perp$, $N_z = N_\parallel$, 式 (3.70) 可以写为

$$\omega_{\text{res}} = \gamma (H_0 - M_s \Delta N),$$
$$\Delta N = N_\parallel - N_\perp. \tag{3.71}$$

利用 Osborn 公式 [5] 可以计算 ΔN 与长短半轴比 $n = l_\parallel / l_\perp$ 之间的关系。对扁椭球 $n < 1$, $\Delta N > 0$,

$$\frac{\Delta N}{4\pi} = \frac{3}{2(1 - n^2)} \left(1 - \frac{n}{\sqrt{1 - n^2}} \arcsin \sqrt{1 - n^2} \right) - \frac{1}{2}. \tag{3.72}$$

对长椭球, $n > 1$, $\Delta N < 0$,

$$\frac{\Delta N}{4\pi} = \frac{3}{2(n^2 - 1)} \left[\frac{n}{\sqrt{n^2 - 1}} \ln \left(n + \sqrt{n^2 - 1} \right) - 1 \right] - \frac{1}{2}. \tag{3.73}$$

图 3.9 ([4], p.27) 是由式 (3.72) 和式 (3.73) 计算的 $\Delta N/4\pi$ 作为 n 的函数。仅仅当 $n = 1$ 时，$\Delta N = 0$，$\omega_{\mathrm{res}} = \gamma H_0 = \omega_0$。

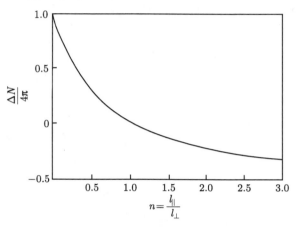

图 3.9　$\Delta N/4\pi$ 作为 n 的函数

考虑两个极限情况：

(1) 无限薄的圆盘 (薄膜)，$n = 0$，$\Delta N = 4\pi$，因此

$$\omega_{\mathrm{res}} = \gamma \left(H_0 - 4\pi M_{\mathrm{s}}\right), \tag{3.74}$$

其中第 2 项称为退磁场。

(2) 无限长的细圆柱体，$n = \infty$，$\Delta N = -2\pi$，因此

$$\omega_{\mathrm{res}} = \gamma \left(H_0 + 2\pi M_{\mathrm{s}}\right). \tag{3.75}$$

当研究铁磁金属薄片时，通常将外磁场 H_0 平行于片平面，则 $N_z = N_x = 0$，$N_y = 4\pi$。从式 (3.68) 得到

$$\omega_{\mathrm{res}} = \gamma \left[H_0 \left(H_0 + 4\pi M_{\mathrm{s}}\right)\right]^{1/2} = \gamma \left[H_0 B_0\right]^{1/2}. \tag{3.76}$$

样品形状对共振条件的效应可以从下面的例子看到。对一个铁样品，在频率 $f = 10^4\mathrm{MHz}$ ($\lambda = 3\mathrm{cm}$)，$M_{\mathrm{s}} = 1700\mathrm{GS} = 1834\mathrm{Oe}$。从以上公式可以得到共振场分别为

球　$H_{\mathrm{res}} \approx 3570\mathrm{Oe}$，

盘$_\parallel$　$H_{\mathrm{res}} \approx 530\mathrm{Oe}$，

圆柱　$H_{\mathrm{res}} \approx 12500\mathrm{Oe}$，

盘$_\perp$　$H_{\mathrm{res}} \approx 26800\mathrm{Oe}$．

因此，一个铁磁体中有效磁场与铁磁体的形状和外磁场相对于铁磁体的方向有很大关系，这对于计算铁磁体内磁矩的运动至关重要。

参 考 文 献

[1] Stohr J, Siegmann H C. 磁学——从基础知识到纳米尺度超快动力学. 姬扬译. 北京：高等教育出版社, 2012: 410.

[2] Majlis N. The Quantum Theory of Magnetism. World Scientific, 2000: 35.

[3] Fazekas P. Electron Correlation and Magnetism, World Scientific, 1999.

[4] Vonsovskii S V. Ferromagnetic Resonanc. Pergamon Press, 78.

[5] Osborn J A. Phys. Rev., 1945, 67: 351.

[6] Stoner E C. Phil. Mag., 1945, 36: 803.

第 4 章　自旋扭力的物理原理

4.1　微纳铁磁体的一些基本物理 [1]

在一般的体材料的铁磁体中, 磁化 M 与外磁场 H 的关系为

$$B = \mu_0 H + M, \tag{4.1}$$

其中, B 是磁感应强度, μ_0 是磁导率, M 的单位与 B 的单位相同, 即 $V \cdot s \cdot m^{-2}$ 或者 T。

　　磁化是铁磁材料的重要性质, 它决定了完全磁化的铁磁体能够产生的最大磁场。3 种重要的铁磁材料的磁化如表 4.1 所示。

表 4.1　Fe、Co、Ni 在 4.2K 时的饱和磁化 M、各向异性常数 K、易磁轴

金属	Fe (bcc)	Co (hcp)	Ni (fcc)
M/T	2.199	1.834	0.665
$K/(\times 10^5 J \cdot m^{-3})$	0.543	7.719	-1.264
易磁轴	[100]	c 轴	[111]

　　铁磁体的磁场与铁磁体的形状有很大关系。考虑一个铁磁体的扁平盘, 如图 4.1 所示, 加外磁场将它垂直磁化; 然后撤去外磁场, 仅考虑铁磁性扁平盘本身产生的磁场。磁感应强度在铁磁体与外界的边界上是连续的, 如图 4.1(a) 所示。由式 (4.1) 得到铁磁体外部和内部的磁场分别为

$$H_s = \frac{1}{\mu_0} B, \quad H_d = \frac{1}{\mu_0} (B - M). \tag{4.2}$$

其中, 磁体外部的磁场 H_s 称为杂散场, 磁体内部的磁场 H_d 称为退磁场。由安培定律, 如果在磁场包围的积分路径中没有电流, 则

$$\oint H \cdot \mathrm{d}l = 0. \tag{4.3}$$

只有当 H_d 与 H_s 方向相反时, 式 (4.3) 才能成立。铁磁体内 M、B 和 $\mu_0 H_d$ 的大小和方向如图 4.1(d) 所示。

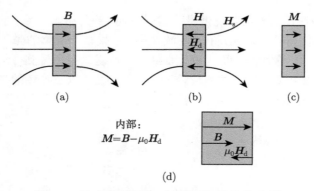

图 4.1 铁磁扁平盘的 3 个磁场矢量的关系 [1]

　　杂散场和退磁场的应用：假设有一个铁磁环，其中磁化沿着环的方向，因此其中的磁化就没有出口，基本没有杂散场和退磁场。绕在磁环上的线圈产生的弱磁场可以将磁环饱和磁化，在径向缺口 (也称为 "间隙") 处的磁场很大，$H_s \sim M/\mu_0$。这种绕有线圈的环形磁芯是一个电磁铁 (磁轭)，用于磁硬盘的写入磁头，在有磁性介质的磁盘上转动，用于写入的磁场是伸出到间隙外的杂散场，如图 4.2 所示。

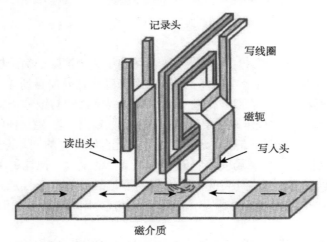

图 4.2 磁盘上的写入头和读出头，下面是记录比特的磁介质 (磁盘)[1]

　　写入的速度决定于磁芯的截面积，微观的电磁铁可以在 10^{-9}s 内改变磁场方向，因此现在计算机的数据写入速率达到 ~ 1GHz。

　　磁滞曲线、饱和磁化、矫顽磁场：磁化曲线是磁性材料对外加磁场的反应，它是表征磁性材料是软还是硬的标记，因此在变压器、永磁铁和磁记录介质中都有应用。如果外加磁场，则在磁化 M 上产生一个转矩 $T = M \times H$。宏观磁体中有许多磁畴，每个磁畴中磁化方向是一致的，但不同磁畴中磁化的方向是不同的。在外磁场作用下，磁畴壁会移动，使得磁化偏好方向 (和外磁场一致) 的区域增大，而不偏好方向 (磁化与外磁场相反) 的区域减小。结果整个磁体的磁化随着外磁场变化，如图 4.3 所示，这种曲线称为磁化曲线。最后磁化完全转到外场方向，达到饱和磁化。由图 4.3 可见，磁化曲线依赖于样品的历史，以及外场的变化速度。现在讨论的是磁场缓慢变化时的准静态磁化曲线。

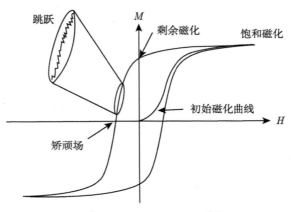

图 4.3   典型的磁化曲线 [1]

图 4.3 中有一些描述磁化曲线的名词。饱和场是完全消除磁畴结构所需的外加磁场，这时 M 完全指向外加磁场的方向。剩余磁化是外加磁场减小到零时仍然残留的磁化。矫顽场是为了把磁化减小到零所需要施加的与饱和场方向相反的磁场。初始磁化曲线是初次处于磁场中的样品的磁化曲线。注意，磁化曲线是在温度小于居里温度 (T_c) 下测量的。在图中还可以看到磁化曲线变化的 "跳跃"(barkhausen) 的细致变化，这反映了外磁场变化时磁体内磁畴壁的变化。但这种跳跃并非在所有样品中都可以观察到。由此可见，磁化曲线不是磁体的本征性质，它与样品的结构，也就是加工过程有关。因此，同一种材料制成的铁磁体就有不同的磁化曲线。

纳米样品的磁性质：纳米尺寸的铁磁体不能形成磁畴，它们的行为类似于单个磁畴，即宏观自旋。这个概念在讨论微纳磁体电子学时用到。可以预期，磁化的变化不是由于磁畴，而仅仅是磁化的均匀旋转。这种单磁畴磁化曲线的理论是由奈尔于 1947 年，以及斯托纳、Wohlfarth 在 1948 年提出的，实验上当时还不能制作单磁畴 (纳米级) 的样品。直到能制作纳米级样品后，斯托纳-Wohlfarth (SW) 模型才得以验证。2001 年 Wernsdorfer 利用这种单磁畴材料制成包含 10^3 个自旋的超导量子干涉器件 (SQUID)。

磁各向异性：宏观铁磁样品没有磁各向异性，只有纳磁 (单磁畴) 样品才有磁各向异性，表现为磁化 M 倾向于沿着磁体中的一个或几个轴。磁各向异性定义为将磁化由易磁化方向转向难磁化方向所需要的能量。假定磁化 M 与易磁化方向成 γ 角，则与磁各向异性有关的能量密度为

$$E_{\text{ani}} = K_1 \sin^2 \gamma + K_2 \sin^4 \gamma + K_3 \sin^6 \gamma + \cdots \tag{4.4}$$

其中，$K_i (i = 1, 2, 3, \cdots)$ 是各向异性常数，它的量纲是 [能量/体积]，单位是 $[\text{J} \cdot \text{m}^{-3}]$。磁各向异性能量取式 (4.4)，保证了当磁化反向时，能量不变。也就是易磁轴不能定义一个方向，只能定义一个轴。

可以用一个各向异性场 H_{ani} 来模拟磁各向异性效应，当磁化 M 偏离易磁轴方向时，它将使 M 绕着易磁轴进动，直到进动的阻尼迫使 M 返回到易磁轴方向。只考虑式 (4.4) 中展开的第一项，则作用在磁化上的有效转矩为 $\partial E_{\text{ani}} / \partial \gamma = 2K_1 \sin \gamma \cos \gamma$。

假定这个转矩等于各向异性场 H_{ani} 作用在 M 上的转矩 $M \times H_{\text{ani}} = MH_{\text{ani}} \sin \gamma$，这就得到

$$H_{\text{ani}} = \frac{2K_1}{M} \cos \gamma, \tag{4.5}$$

所以各向异性场 H_{ani} 平行于易磁轴方向，方向沿着 M 在易磁轴上投影的方向，大小由式 (4.5) 给出。3d 金属 Fe、Co、Ni 在 4.2K 时的磁晶各向异性常数 K 及易磁轴示于表 4.1。由式 (4.5) 和表 4.1，如果取 $M = 1\text{T}$，$\gamma = 0$，$K = 10^5 \text{J} \cdot \text{m}^{-3}$，则 $H_{\text{ani}} = 2 \times 10^5 \text{A/m}$ 量级。由式 (4.5) 可见，各向异性场与磁化相对于易磁轴方向及夹角有关，在实际计算中，如果薄膜样品中 z 轴是易磁轴，则取内部各向异性场为

$$H_{\text{ani}} = H_z m_z \hat{e}_z + H_x m_x \hat{e}_x, \quad H_z \gg H_x. \tag{4.6}$$

所以内部各向异性场还与磁化方向有关。

磁各向异性有两个起源，一个是晶体本身的各向异性，另一个是纳米晶体形状所产生的。对体材料过渡金属材料 Fe、Co、Ni 来说，晶体对称性很高，磁晶各向异性很小，是 10^{-5}eV/原子量级，很难以第一原理方法进行计算。与体材料不同，纳磁晶体的形状导致的磁各向异性增大约两个数量级 (10^{-4}eV/原子)。目前生长易磁轴沿垂直方向的磁性薄膜是材料生长方面的一个挑战。

各向异性系数 K_1 是两项贡献之和，即 $K_1 = K_u + K_s$，第一项 K_u 是由原子结构和化学键产生的磁晶各向异性，第二项 $K_s = -M^2/2\mu_0$ 是形状各向异性。对一个薄膜，如果 $K_1 > 0$，则垂直轴是易磁轴；如果 $K_1 < 0$，则易磁轴在平面内。薄膜和多层膜中的 K_u 和 K_s 之间的平衡很微妙，可能随着温度而改变符号。例如在 Fe/Co(001) 系统中，在 $\sim 300\text{K}$ 时，磁化从低温时的垂直方向翻转到薄膜平面内。在一些三明治结构中，如 Au/Co/Au 或 Pt/Co/Pt，易磁轴往往垂直于界面，而在孤立的 Co 薄膜中，易磁轴通常在平面内。

源于交换相互作用, 自旋磁矩是内禀的各向异性, 磁各向异性源于原子磁矩之间偏好的偶极耦合。磁矩之间偶极-偶极相互作用能为

$$E_{\mathrm{dip-dip}} = \frac{1}{4\pi\mu_0} \sum_{i<j} \frac{1}{r_{ij}^3} \left[\boldsymbol{m}_i \cdot \boldsymbol{m}_j - 3\frac{(\boldsymbol{r}_{ij} \cdot \boldsymbol{m}_i)(\boldsymbol{r}_{ij} \cdot \boldsymbol{m}_j)}{r_{ij}^2} \right].$$

当两个原子磁矩平行于原子核间连线时, 能量最低。

对于薄膜来说, 原子核间连线倾向于处在样品平面内, 因此磁矩方向位于平面内的偶极能量最小。偶极能分为三部分,

$$E_{\mathrm{dip-dip}} = E_{\mathrm{S}} + E_{\mathrm{L}} + E_{\mathrm{D}},$$

其中, E_{S} 是球体积内原子偶极的贡献; E_{L} 是球表面赝电荷的贡献; E_{D} 是退磁场的贡献。

$$H_{\mathrm{d}} = -\frac{M}{\mu_0}, \quad E_{\mathrm{D}} = \frac{1}{2}H_{\mathrm{d}}M = \frac{1}{2\mu_0}M^2.$$

Fe, Co, Ni 三种金属的各向异性系数 $K_{\mathrm{s}}(E_{\mathrm{D}})$ 和 K_{u} 列于表 4.2。$E_{\mathrm{S}} + E_{\mathrm{L}}$ 的贡献很小, 可以忽略。表中的单位是: eV/atom, 化为通用的单位: J/m^3。

表 4.2 几种铁磁体的各向异性常数

金属	$E_{\mathrm{D}}/(\mathrm{J/m^3})$	$K_{\mathrm{u}}/(\mathrm{J/m^3})$
Fe	1.923×10^6	5.432×10^6
Co	1.354×10^6	7.7×10^5
Ni	1.764×10^5	-1.264×10^5

二维材料的各向异性系数为 mJ/m^2 量级, 假设自由层厚度为 1.5nm,

$$1\mathrm{mJ/m^2} \sim 10^{-3}\mathrm{J}/(\mathrm{m^2} \times 1.5 \times 10^{-9}\mathrm{m}) = 6.67 \times 10^5 \mathrm{J/m^3}.$$

各向异性场的例子:
$H_{\mathrm{d}} = M_{\mathrm{s}} = 10^6\mathrm{A/m} \sim 1.257\mathrm{T}$, $H_{k\perp} = 2K_{\mathrm{u}}/M_{\mathrm{s}}$, 如果 $K_{\mathrm{u}} = 1\mathrm{mJ/m^2}$, 则

$$H_{k\perp} = 2 \times 6.67 \times 10^5 \mathrm{J/m^3}/10^6 \mathrm{A/m} = 1.334\mathrm{T},$$

$$H_k = 2.64 \times 10^4 \mathrm{A/m} \sim 3.318 \times 10^{-2}\mathrm{T}.$$

$H_{k\perp}$ 与 K_{u} 成正比, 当它小于 0.94mJ/m^2 时, 等于 H_{d}。一般情况下, 垂直方向的磁场远大于平行方向磁场, 因易磁轴在 z 方向, 除非 $K_{\mathrm{u}} = 0.94\mathrm{mJ/m^2}$, 垂直方向磁场为零。

单磁畴的纳磁样品在磁场 H 中的能量是

$$E = KV\sin^2\gamma - MVH\cos(\phi - \gamma), \tag{4.7}$$

其中，ϕ 是外磁场与易磁轴之间的夹角，见图 4.4。与体材料不同，磁化曲线与 ϕ 有关，可以由数值计算得到，称为 Stoner-Wohlfarth 模型[1]。

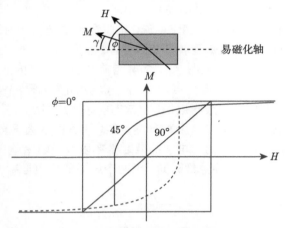

图 4.4　纳磁样品的位形和磁化曲线[1]

当 $\phi = 45°$ 时磁场翻转的强度等于 $\phi = 0°$ 时的 1/2。当磁场沿着难磁轴（$\phi = 90°$）时没有磁滞回线，这时 M 随着磁场的增大逐渐转向磁场方向。当 $\phi = 0°$ 时，磁场到达矫顽场时，磁化突然跳到相反的方向上。

4.2　自旋输运的二流体模型

按照一般的输运理论，电导率与费米能级处的态密度 $n(E_F)$ 成正比，但对过渡金属就不成立，因为如图 3.3 所示，Cu 的 $n(E_F)$ 远小于 Fe、Co、Ni 的，但电导却比这三个金属大几倍，如表 4.3 所示。

表 4.3　3d 金属 Fe、Co、Ni、Cu 和 4f 金属 Gd 的体材料性质

元素	N_h	m/μ_B	$R/(\Omega\cdot m)$	T_C/K
Fe(bcc)	3.90	2.216	9.71×10^{-8}	1043
Co(hcp)	2.80	1.715	6.25×10^{-8}	1388
Ni(fcc)	1.75	0.616	6.84×10^{-8}	631
Cu(fcc)	0.50	—	1.68×10^{-8}	—
Gd(hcp)	9.0	7.63	1.31×10^{-8}	289

N_h 是计算得到的每个原子的 d 空穴数，m 是每个原子的磁矩实验值，R 是室温电阻率，T_C 是居里温度。

对于含 d 电子的金属，d 电子的有效质量远大于 s 电子的，$m_\mathrm{d}^* \gg m_\mathrm{s}^*$。假定导电发生在 s 和 d 两个分立的通道上，电阻是并联的，电导则是串联的，总电导率为

$$\sigma = \frac{n_\mathrm{s} e^2 \tau_\mathrm{s}}{m_\mathrm{e}^*} + \frac{n_\mathrm{d} e^2 \tau_\mathrm{d}}{m_\mathrm{d}^*}. \tag{4.8}$$

由式 (4.8) 可见，对电导率的贡献主要是 s 电子。

莫特在 1936 年提出，s 电子携带电流，电阻源于电子从 s 带跳到 d 带的散射过程。但散射时自旋守恒，自旋翻转是禁戒的。d 空穴态对 s 电子的散射造成了过渡金属的高电阻率。散射过程见图 4.5，多数自旋和少数自旋的 s 电子分别散射到各自的 d 空穴态。根据费米 "黄金定则"，导电电子的散射概率正比于终态的态密度。由图 4.5 可见，在费米能级附近，d 空穴态的态密度很大，所以 s 电子的散射概率很大。由图可见，自旋向上 (少数自旋) 空态的态密度大于自旋向下 (多数自旋) 空态的态密度，因此自旋向上电子的散射概率以及电阻率就更大。用 $\tau_\uparrow$ 和 $\tau_\downarrow$ 分别表示两种自旋电子的自旋弛豫时间，则两个通道的总电导率为

$$\sigma = \frac{n e^2 \tau_\uparrow}{m_\mathrm{e}^*} + \frac{n e^2 \tau_\downarrow}{m_\mathrm{e}^*}. \tag{4.9}$$

这就是二流体模型的电导率。

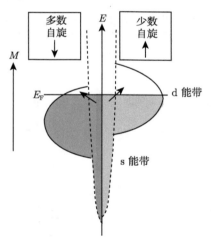

图 4.5　二流体模型示意图 [1]

除了 s 电子到 d 空穴态的散射外，还有杂质散射的散射弛豫时间 τ_I。根据 Matthiessen 定则，当存在不同散射机制时，给定输运通道的电阻率就是各个电阻率简单相加之和，即 $R = R_0 + R_\mathrm{S}$，其中 R_0 和 R_S 分别是杂质散射和 d 空穴态散射的电阻，后者正比于 d 空穴态的数目 N_d^S。

4.3 自旋流通过铁磁/非磁界面的输运 [2]

考虑一个自旋流沿着 x 方向穿过铁磁/非磁/铁磁三层结构 ($F_1/N/F_2$)，如图 4.6 所示，在 F_1 和 N 层中的坐标系是 (x, y, z)。在 F_1 层中自旋 S_1 沿 z 方向，称为自旋向上。电流穿过 N-F_2 界面后，在 F_2 层中的自旋 S_2 沿 (θ, ϕ) 方向 (图 4.6)。这是一个假设，在二流体模型中决定了两种自旋流的大小。自旋流在 F_2 层中沿 x 方向运动时电子自旋 $\langle s \rangle$ 绕着局域交换场 H_{ex}(平行于 M_2) 进动，因此 $\langle s \rangle$ 的方向以及平均密度 $\mathrm{d}s/\mathrm{d}V$ 是离界面 N-F_2 距离的函数。

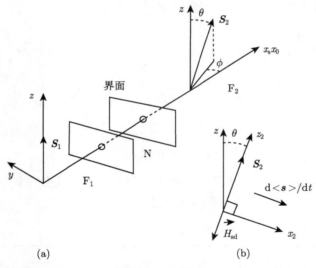

图 4.6 (a) 自旋流通过 $F_1/N/F_2$ 结构的输运，坐标系 (x, y, z) 和极坐标 (θ, ϕ) 给出了 F_2 层中局域自旋 S_2 的取向；(b) F_2 层中的坐标 (x_2, y_2, z_2)，z_2 轴平行于 S_2，x_2 轴在 (z, S_2) 平面内 [2]

在 N 层中，取坐标系 (x, y, z)，其中 x 垂直于 N-F_2 界面，x 轴的原点取在 N-F_2 界面处。考虑一个电子从 F_1 层注入 N 层，自旋 S_1 平行于 $+z$(定义为自旋向上)，它在 N 层中的波函数为

$$\psi = \left[A\mathrm{e}^{\mathrm{i}k_x^{N}x} \left| \begin{matrix} 1 \\ 0 \end{matrix} \right. + B\mathrm{e}^{-\mathrm{i}k_x^{N}x} \left| \begin{matrix} 1 \\ 0 \end{matrix} \right. + C\mathrm{e}^{-\mathrm{i}k_x^{N}x} \left| \begin{matrix} 0 \\ 1 \end{matrix} \right| \right] \mathrm{e}^{\mathrm{i}(k_y^{N}y_{N} + k_z^{N}z_{N})}, \tag{4.10}$$

其中，B 和 C 项是从 N-F_2 界面反射的波，k^{N} 是 N 层中的波矢。

在 F_2 层中，我们在坐标系 (x_2, y_2, z_2) 中描述波函数，(图 4.6)。进入 F_2 层的

波函数为

$$\psi = De^{i\boldsymbol{k}_\uparrow \cdot \boldsymbol{r}} \begin{vmatrix} e^{-i\phi/2}\cos(\theta/2) \\ e^{i\phi/2}\sin(\theta/2) \end{vmatrix} + Ee^{i\boldsymbol{k}_\downarrow \cdot \boldsymbol{r}} \begin{vmatrix} -e^{-i\phi/2}\sin(\theta/2) \\ e^{i\phi/2}\cos(\theta/2) \end{vmatrix}. \tag{4.11}$$

其中, 两个自旋态对应于自旋平行和反平行于 $\boldsymbol{S}_2$。由 $x = 0$ 边界处 ψ 和 $\mathrm{d}\psi/\mathrm{d}x$ 连续的条件, 得到

$$\begin{cases} D = 2Ae^{i\phi/2}\cos(\theta/2)/(1 + k^\uparrow/k_x^N), \\ E = 2Ae^{i\phi/2}\sin(\theta/2)/(1 + k^\downarrow/k_x^N) \end{cases} \tag{4.12}$$

附: 式 (4.12) 的证明。

由 $x = 0$ 边界处 ψ 和 $\mathrm{d}\psi/\mathrm{d}x$ 连续的条件, 得到

$$\begin{vmatrix} A \\ 0 \end{vmatrix} + \begin{vmatrix} B \\ C \end{vmatrix} = D \begin{vmatrix} \alpha^* c \\ \alpha s \end{vmatrix} + E \begin{vmatrix} -\alpha^* s \\ \alpha c \end{vmatrix},$$

$$k_x^N \begin{vmatrix} A \\ 0 \end{vmatrix} - k_x^N \begin{vmatrix} B \\ C \end{vmatrix} = Dk_x^\uparrow \begin{vmatrix} \alpha^* c \\ \alpha s \end{vmatrix} + Ek_x^\downarrow \begin{vmatrix} -\alpha^* s \\ \alpha c \end{vmatrix}.$$

其中

$$\alpha = e^{i\phi/2}, \quad s = \sin(\theta/2), \quad c = \cos(\theta/2).$$

假定系数 A 是已知的, 求其他系数作为 A 的函数。以上每个方程包含两个分量, 所以一共有 4 个方程, 它们的系数见表 4.4。

表 4.4

D	E	B	C	A
$\alpha^* c$	$-\alpha^* s$	-1	0	1
αs	αc	0	-1	0
$k^\uparrow \alpha^* c$	$-k^\downarrow \alpha^* s$	k^N	0	k^N
$k^\uparrow \alpha s$	$k^\downarrow \alpha c$	0	k^N	0

要计算系数 D, 就需要将系数 E 的项消去。将第 1 个方程乘以 c, 第 2 个方程取复共轭, 乘以 s, 然后相加, 得到结果见表 4.5。

表 4.5

D	E	B	C	A
α^*	0	$-c$	$-s$	c

将第 3 个方程乘以 c, 第 4 个方程取复共轭, 乘以 s, 然后相加, 得到结果见表 4.6。

表 4.6

D	E	B	C	A
$k^\uparrow \alpha^*$	0	$k^N c$	$k^N s$	$k^N c$

方程 $\alpha^* D$ 乘以 k^N，与 $k^\uparrow \alpha^* D$ 方程相加，得到

$$\left(k_x^N + k_x^\uparrow\right) \alpha^* D = 2 k_x^N c A.$$

除以 k_x^N，将 α、c 写出，就得到式 (4.12)。系数 E 可类似地求得。

证明毕。

由式 (4.11) 和式 (4.12) 可以计算在 N-F_2 界面右端 $x_2 = x_0$ 处自旋分量的局域平均值，

$$
\begin{aligned}
\langle s_{x2} \cdot \delta\left(x_2 - x_0\right)\rangle &= \mathrm{Re}\left[\mathrm{e}^{\mathrm{i}\left(k_x^\uparrow - k_x^\downarrow\right)x_0} E^* D\right] \\
&= -2\left|A\right|^2 \frac{f\left(x_0\right)\sin\theta}{\left(1 + k_x^\uparrow / k_x^N\right)\left(1 + k_x^\downarrow / k_x^N\right)} \cos\left[\left(k_x^\uparrow - k_x^\downarrow\right)x_0\right], \\
\langle s_{y2} \cdot \delta\left(x_2 - x_0\right)\rangle &= \mathrm{Re}\left[\mathrm{i}\mathrm{e}^{\mathrm{i}\left(k_x^\uparrow - k_x^\downarrow\right)x_0} E^* D\right] \\
&= 2\left|A\right|^2 \frac{f\left(x_0\right)\sin\theta}{\left(1 + k_x^\uparrow / k_x^N\right)\left(1 + k_x^\downarrow / k_x^N\right)} \sin\left[\left(k_x^\uparrow - k_x^\downarrow\right)x_0\right].
\end{aligned}
\tag{4.13}
$$

因为在坐标系 (x_2, y_2, z_2) 中，自旋 s_2 沿 z_2 方向 (图 4.6)，自旋的泡利矩阵相对于这个坐标系。因此自旋分量的平均值等于 $\langle\psi| s_x |\psi\rangle$，代入式 (4.11)，就得到式 (4.13)。

式 (4.13) 预言了自旋的沿 x_2 和 y_2 方向的分量作为 x_0 的函数将做空间振荡，波长为 $2\pi/\left|k_x^\uparrow - k_x^\downarrow\right|$。需要指出的是在铁磁体中，$k_x^\uparrow \neq k_x^\downarrow$，因为由铁磁体的能带图，自旋向上的能带与自旋向下的能带错开，在费米能级处正向波矢就不等于反向波矢。振荡的原因就是在 F_2 层中自旋将绕着 s-d 交换场 $\boldsymbol{H}_{\mathrm{sd}}$ (图 4.6) 做进动。

电子被溶质原子和声子的散射对 ψ 的效应由对式 (4.11) 的两项 (分别对应于自旋向上和自旋向下) 分别引入阻尼因子 $\exp\left(-k_\uparrow x_0 / \Lambda_\uparrow k_x^\uparrow\right)$ 和 $\exp\left(-k_\downarrow x_0 / \Lambda_\downarrow k_x^\downarrow\right)$，其中 $\Lambda_\uparrow$ 和 $\Lambda_\downarrow$ 分别是 F_2 层中自旋向上和自旋向下电子的平均自由程。这就是在式 (4.13) 中引入的

$$f\left(x_0\right) = \exp\left[-\left(\frac{k_\uparrow}{\Lambda_\uparrow k_x^\uparrow} + \frac{k_\downarrow}{\Lambda_\downarrow k_x^\downarrow}\right)x_0\right]. \tag{4.14}$$

这一因子的效应是在离界面超过 $\Lambda_\uparrow$ 或 $\Lambda_\downarrow$ 的距离处使得自旋密度大大衰减，$\Lambda_\uparrow$ 和 $\Lambda_\downarrow$ 相当于自旋的自旋平均自由程。

在过渡金属铁磁体中，4s 导电电子与过渡金属的 3d 磁电子通过 s-d 交换相互作用 $-2J_{\mathrm{sd}}\boldsymbol{s}\cdot\boldsymbol{S}\,(\boldsymbol{r})$ 耦合，因此

$$
\begin{aligned}
V_{\mathrm{sd}} &= g\mu_{\mathrm{B}}\boldsymbol{s}\cdot\boldsymbol{H}_{\mathrm{sd}}\,(\boldsymbol{r}),\\
\boldsymbol{H}_{\mathrm{sd}} &= -2J_{\mathrm{sd}}\,\langle\boldsymbol{S}\,(\boldsymbol{r})\rangle/g\mu_{\mathrm{B}}.
\end{aligned}
\tag{4.15}
$$

其中，$\boldsymbol{H}_{\mathrm{sd}}$ 是作用在 $\boldsymbol{s}$ 上的交换场，$\boldsymbol{S}(\boldsymbol{r})$ 可看成铁磁体中的磁化。

下面计算交换场对自由极化电子的扭力。利用式 (4.13) 计算电子自旋的

$$
\begin{aligned}
\hbar\frac{\mathrm{d}\,\langle s_{x2}\rangle}{\mathrm{d}t} &= -g\mu_{\mathrm{B}}\,\langle s_{y2}\rangle\cdot H_{\mathrm{sd}}^{z2}\iint\int_{x=0}^{x=\infty}\mathrm{d}V\,\langle s_{y2}\cdot\delta\,(r-r_0)\rangle\\
&= -g\mu_{\mathrm{B}}H_{\mathrm{sd}}^{z2}L_yL_z2\,|A|^2\frac{\sin\theta}{\left(1+k_x^{\uparrow}/k_x^N\right)\left(1+k_x^{\downarrow}/k_x^N\right)\left(k_x^{\uparrow}-k_x^{\downarrow}\right)}.
\end{aligned}
\tag{4.16}
$$

其中，L_y、L_z 是样品在 y 和 z 方向的尺度，假设了 $1/\Lambda_{\uparrow}$，$1/\Lambda_{\downarrow}\gg1/\left|k_x^{\uparrow}-k_x^{\downarrow}\right|$。$1/\Lambda_{\uparrow}$，$1/\Lambda_{\downarrow}$ 的作用是使积分在 $x_0=\infty$ 收敛。用同样的方法能证明

$$
\frac{\mathrm{d}\,\langle s_{y2}\rangle}{\mathrm{d}t}=\frac{\mathrm{d}\,\langle s_{z2}\rangle}{\mathrm{d}t}=0.
\tag{4.17}
$$

由式 (4.16) 和式 (4.17)，可得出 $\mathrm{d}\langle\boldsymbol{s}\rangle/\mathrm{d}t$ 是一个平行于 x_2 轴的矢量，它的大小由式 (4.16) 给出。在式 (4.16) 中利用关系式 $(\hbar^2/2m)\left[\left(k_x^{\uparrow}\right)^2-\left(k_x^{\downarrow}\right)^2\right]=-2\mu_{\mathrm{B}}H_{\mathrm{sd}}^{z2}$ 消去 H_{sd}^{z2}，并取 $g=2$，式 (4.16) 变为

$$
\left|\frac{\mathrm{d}\,\langle\boldsymbol{s}\rangle}{\mathrm{d}t}\right|=L_yL_z\,|A|^2\frac{\left|v_x^{\uparrow}+v_x^{\downarrow}\right|}{\left(1+k_x^{\uparrow}/k_x^N\right)\left(1+k_x^{\downarrow}/k_x^N\right)}\,|\sin\theta|.
\tag{4.18}
$$

其中，$\boldsymbol{v}_{\uparrow}$ 和 $\boldsymbol{v}_{\downarrow}$ 是 F$_2$ 层内自旋向上和自旋向下电子的费米速度。利用一个虚构的体积 V_N，包括 N 层和 N-F$_2$ 界面，则归一化常数 $|A|^2=1/V_N$。

4.4　磁多层中电流驱动的激发 [3]

1. 自旋量代数

定义泡利矢量矩阵，

$$
\boldsymbol{\sigma}=\sigma_x\boldsymbol{e}_x+\sigma_y\boldsymbol{e}_y+\sigma_z\boldsymbol{e}_z,
\tag{4.19}
$$

于是有下列关系：

$$
\begin{aligned}
&[\sigma_\mu,\sigma_\nu]_+=0,\\
&\sigma_x\sigma_y=\mathrm{i}\sigma_z(\text{循环置换}),\\
&\mathrm{Tr}\,[\sigma_{x,y,z}]=0,\\
&\sigma_{x,y,z}^2=I.
\end{aligned}
\tag{4.20}
$$

对于任何一个单位矢量 $\boldsymbol{n}$, 有 $(\boldsymbol{n} \cdot \boldsymbol{\sigma})^2 = \boldsymbol{I}$。另外, 给定两个实空间的矢量 $\boldsymbol{A}$ 和 $\boldsymbol{B}$, 有

$$(\boldsymbol{A} \cdot \boldsymbol{\sigma})(\boldsymbol{B} \cdot \boldsymbol{\sigma}) = (\boldsymbol{A} \cdot \boldsymbol{B})\boldsymbol{I} + \mathrm{i}(\boldsymbol{A} \times \boldsymbol{B}) \cdot \boldsymbol{\sigma}. \tag{4.21}$$

一个方向为 $\boldsymbol{n}$ 的自旋可以在自旋空间用 2×2 矩阵表示为

$$\boldsymbol{S}_n = \left(\frac{\hbar}{2}\right)(\boldsymbol{n} \cdot \boldsymbol{\sigma}) = \left(\frac{\hbar}{2}\right) \sum_{\nu} S_{n,\nu}\sigma_\nu. \tag{4.22}$$

2. 自旋输运的定量描述

为了处理固体中同时带电荷和自旋粒子的输运, 按照 Stiles 和 Zangwill 的处理 [5], 在传统的电荷电流输运和自旋电流之间做一个类比。在电荷粒子流输运中我们可以写粒子密度 $n(\boldsymbol{r})$、粒子数流 $\boldsymbol{j}(\boldsymbol{r})$ 和电流连续性关系:

$$
\begin{aligned}
n(\boldsymbol{r}) &= \sum_{i,\sigma} \psi_{i,\sigma}^*(\boldsymbol{r})\psi_{i,\sigma}(\boldsymbol{r}), \\
\boldsymbol{j}(\boldsymbol{r}) &= \mathrm{Re}\left[\sum_{i,\sigma} \psi_{i,\sigma}^*(\boldsymbol{r})\,\boldsymbol{v}\psi_{i,\sigma}(\boldsymbol{r})\right], \\
\nabla \cdot \boldsymbol{j} &+ \frac{\partial n}{\partial t} = 0,
\end{aligned}
\tag{4.23}
$$

其中, $\psi_{i,\sigma}$ 是占据态的单粒子波函数。

类似地可以写出自旋 $1/2$ 粒子的密度矩阵 $\boldsymbol{m}$、自旋流张量 $\boldsymbol{Q}(\boldsymbol{r})$ 和自旋流连续性关系:

$$
\begin{cases}
[\boldsymbol{m}(\boldsymbol{r})]_{\sigma,\sigma'} = \displaystyle\sum_{i} \psi_{i,\sigma}^*(\boldsymbol{r})\,\boldsymbol{s}_{\sigma,\sigma'}\psi_{i,\sigma'}(\boldsymbol{r}), \\[2mm]
[\boldsymbol{Q}(\boldsymbol{r})]_{\sigma,\sigma'} = \mathrm{Re}\left[\displaystyle\sum_{i} \psi_{i,\sigma}^*(\boldsymbol{r})\,\boldsymbol{s}_{\sigma,\sigma'} \otimes \boldsymbol{v}\psi_{i,\sigma'}(\boldsymbol{r})\right], \\[2mm]
\nabla \cdot \boldsymbol{Q} + \dfrac{\partial \boldsymbol{m}}{\partial t} = -\dfrac{\delta \boldsymbol{m}}{\tau_{\uparrow\downarrow}} + n_{\mathrm{ext}},
\end{cases}
\tag{4.24}
$$

最后一个方程中, $\tau_{\uparrow\downarrow}$ 是自旋反转散射寿命, $\delta\boldsymbol{m} = \boldsymbol{m} - \boldsymbol{m}_{\mathrm{equal}}$ 是所谓的自旋积累, n_{ext} 包括了所有外来的自旋流。$\boldsymbol{m}(\boldsymbol{r})$ 是在实空间中的 2×2 矢量矩阵, 具有自旋空间的指标。在确定波函数 $\psi_{i,\sigma}$ 时, 定义一个实空间自旋本征态轴 $\boldsymbol{n}_s$, 使得 $[\sigma, \sigma']$ 是 "好" 量子数。

自旋密度沿 $(\boldsymbol{e}_x, \boldsymbol{e}_y, \boldsymbol{e}_z)$ 的投影是 $\langle m_\beta \rangle = (1/2)\mathrm{Tr}[\boldsymbol{m}\sigma_\beta]$, $\beta = (x,y,z)$, 给出了总平均自旋角动量密度:

$$\langle \boldsymbol{m} \rangle = \left(\frac{1}{2}\right)\mathrm{Tr}[\boldsymbol{m}\boldsymbol{\sigma}]. \tag{4.25}$$

将式 (4.23) 和式 (4.24) 结合起来，就可以得到电荷电流和自旋电流的 2×2 形式：

$$i = \left(\frac{e}{2}\right) j \sigma_0 - \left(\frac{e}{\hbar}\right) \boldsymbol{Q}, \qquad (4.26)$$

其中

$$\sigma_0 = \begin{pmatrix} 1 & 0 \\ 0 & 1 \end{pmatrix},$$

所以 $\mathrm{Tr}[i]$ 给出了电荷电流分量，矩阵的非迹部分给出了自旋电流。在诸如弹道输运的情况下，自旋电流具有单一的自旋本征态，这将式 (4.26) 简化为

$$i = \left(\frac{e}{2}\right) j \sigma_0 - \left(\frac{e}{\hbar}\right) \boldsymbol{n}_s \cdot \boldsymbol{\sigma}, \qquad (4.27)$$

其中，$\boldsymbol{n}_s$ 是自旋流的自旋本征态的取向。在这种情况下，局域电化学势 μ_c(标量) 和自旋积累势 μ_s(实空间矢量) 能写为

$$\begin{aligned} \mu_c &= \int_{\varepsilon_0}^{\infty} \mathrm{Tr}\left[f\left(\varepsilon\right)\right] \mathrm{d}\varepsilon, \\ \mu_s &= \int_{\varepsilon_0}^{\infty} \mathrm{Tr}\left[f\left(\varepsilon\right)\sigma\right] \mathrm{d}\varepsilon, \end{aligned} \qquad (4.28)$$

其中

$$\begin{aligned} f\left(\varepsilon\right) &= f_{\mathrm{FD}}\left(\varepsilon\right)\sigma_0, \\ f_{\mathrm{FD}}\left(\varepsilon\right) &= \left[\exp\left(\frac{\varepsilon - \varepsilon_{\mathrm{F}}}{k_{\mathrm{B}}T}\right) + 1\right]^{-1}. \end{aligned} \qquad (4.29)$$

在线性响应极限下，得到自旋积累密度矢量 $\delta\boldsymbol{m}$ 与自旋积累势 μ_s 之间的简化关系：

$$\delta\boldsymbol{m} = \frac{1}{2}\mathrm{Tr}\left[(\delta\boldsymbol{m})\,\boldsymbol{\sigma}\right] = \frac{\hbar}{2}N\left(\varepsilon_{\mathrm{F}}\right)\boldsymbol{\mu}_s, \qquad (4.30)$$

其中，$N(\varepsilon_{\mathrm{F}})$ 是在费米能级上的态密度。方程 (4.27)~(4.30) 用来描述在具有共线自旋矩排列的非磁金属或铁磁体中的稳态自旋是最方便的。

考虑如图 4.7 所示的 5 个金属区域 [3]，A、B 和 C 是顺磁的，而 F1 和 F2 是铁磁的。瞬时的宏观矢量 $\boldsymbol{S}_1$ 和 $\boldsymbol{S}_2$ 分别代表了两个磁体每单位面积的总自旋动量，它们之间夹角为 θ。考虑电子流向右通过三明治结构。如果中间层 B 的厚度小于自旋扩散长度，则自旋流沿 $\boldsymbol{S}_1$ 的自旋极化度在进入 F2 时仍保留。

考虑图 4.7 中的 (B，F2，C)3 层模型。一个电子具有沿 $\boldsymbol{S}_1$ 方向的初始自旋态从 B 区入射到 F2 铁磁体。考虑由 $\boldsymbol{xyz}$ 组成的运动自旋量子化坐标系，它满足

$S_2 = S_2 z$ 和 y 轴在 $S_2 \times S_1$ 方向。这个坐标系绝热地转动，由旋转矢量 $S_{1,2}(t)$ 确定。利用 z 作为自旋量子化的轴，从 B 区入射的电子自旋态是 $(\cos\theta/2, \sin\theta/2)$。磁体的库仑加交换势具有局域的对角值 $V_\pm(\xi)$，其中 ξ 是垂直于多层面的位置坐标。$\pm$ 号对应于多数和少数自旋能带。在抛物带近似的 WKB 极限下，定义相应波矢的 ξ 分量 $k_\pm(\xi)$。利用原子单位 $\hbar^2/2m^* = 1$，这些波矢由下式给出：

$$k_\pm = \sqrt{E - k_p^2 - V_\pm},\qquad(4.31)$$

其中，k_p 是波矢的横向分量。令磁体在 ξ_1 和 ξ_2 之间，$\xi = 0$ 取在 B 区的中心，因此在顺磁区 $\xi = 0$ 附近和 $\xi \gg \xi_2$ 有等式 $V_+ = V_-$，$k_+ = k_-$ 假定是实的。标准 WKB Hartree-Fock 自旋波函数 $\psi = (\psi_+, \psi_-)$，携带单位粒子流在 $\xi \geqslant 0$ 可以写为

$$\psi(\xi) = \left(k_+^{-1/2}(\xi)\exp\left[i\int_0^\xi d\xi' k_+(\xi)\right]\cos\left(\frac{\theta}{2}\right), k_-^{-1/2}(\xi)\exp\left[i\int_0^\xi d\xi' k_-(\xi)\right]\sin\left(\frac{\theta}{2}\right)\right).$$
$$(4.32)$$

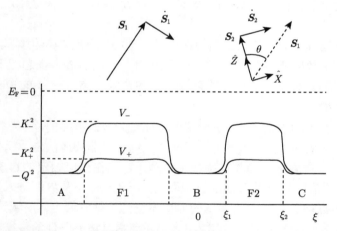

图 4.7　5 层结构中库仑和局域交换势作为位置 ξ 的函数。顶图：F1, F2 的自旋矩 $S_{1,2}$ 和电流驱动的速度 $\dot{S}_{1,2}$

向右的粒子流 Φ_e 和向右的 Pauli 自旋流 $\Phi = (\Phi_x, \Phi_y, \Phi_z)$ 的分量定义为

$$\Phi_e(\xi) = \mathrm{Im}\left(\psi_+^* \frac{d\psi_+}{d\xi} \pm \psi_-^* \frac{d\psi_-}{d\xi}\right),$$
$$\Phi_+(\xi) = \Phi_x + i\Phi_y = i\left(\frac{d\psi_+^*}{d\xi}\psi_- - \psi_+^* \frac{d\psi_-}{d\xi}\right).$$
$$(4.33)$$

满足一般的连续性条件。对于态 (4.32)，在慢变势的极限下，在 B 和 C 区域的 Pauli

自旋流等于

$$
\begin{aligned}
\Phi_+ &= \exp\left[i\int_0^{\xi'} (k_- - k_+)\,d\xi\right]\sin\theta, \\
\Phi_z &= \cos\theta,
\end{aligned}
\tag{4.34}
$$

这些式子描写了一个电子自旋绕 S_2 做锥形进动，它的频率由交换分裂 $V_- - V_+$ 决定。

一个决定性的考虑是：由角动量守恒，当一个电子通过磁体时磁体的反作用，要求经典磁矩的改变 ΔS_2 等于在磁体 F2 两边入射自旋流之和：

$$
\begin{aligned}
\Delta S_{2,x} + i\Delta S_{2,y} &= [\Phi_+(0) - \Phi_+(\infty)]/2 \\
&= \frac{1}{2}\left\{1 - \exp\left[i\int_0^\infty (k_- - k_+)\,d\xi\right]\right\}\sin\theta, \\
\Delta S_{2,z} &= 0.
\end{aligned}
\tag{4.35}
$$

对电子运动的方向的平均自旋转移等于 $\langle\Delta S\rangle = (\sin\theta, 0, 0)/2$，$k_+ - k_-$ 由方程 (4.35) 预言。

非共线输运理论对了解自旋扭力现象是关键的。没有共线的排列，不同自旋本征态之间的相干效应变得重要。一般地，这包含了一组自旋本征态相干地分解为另一组自旋本征态。对于电子这样的自旋 1/2 的费米子态，2×2 的 Pauli 矩阵自旋子表述是方便的。

对于自旋有关的输运研究，掌握这个本征态分解是重要的，因为有关的输运波函数在不同的介质与界面之间传播和反射时，包含了非共线铁磁体元素。载流子原则上必须用包含自旋空间的复波函数来处理，它们在任何固定的自旋空间方向一般都不是对角化的。对于非共线的自旋取向，一个载流子从界面进入铁磁体时，必须在进入这一点被分解成一组相干的自旋本征态。近似假定，局域波函数 (波包) 具有窄的动量分布和空间分布，它能用来描述波通过边界条件的传播。这是准经典的粒子图像，具有动量 k_s，$s = \pm$ 对应于自旋向上和向下。在准经典表象中，电子进入铁磁体以后，在传播过程中绕着交换场做进动。

在具有强交换分裂的铁磁体中，这种分解是简单的。由于大的交换分裂，在费米能级上的波矢是非常不同的。这使得沿着实空间的传播方向上波函数的自旋态振幅有着迅速的空间振荡，在铁磁体内特征长度是 $1/|k_+ - k_-|$。接着产生迅速的空间退相干，特别是当矢量在方向上具有明显的分布时。在诸如 Co/Cu/Co CPP 结构中，比较安全的是假定电子通过一个非磁/铁磁界面时，在离界面很短的距离内，费米波矢倒数的量级，就变成完全的退相干，如图 4.8 所示[4]，因此，在垂直于磁化强度的方向上损失了它的平均自旋角动量。

迅速的退相干对角动量守恒具有重要的意义。如果我们考察一个自旋流通过任何一个界面，则退相干对应于载流子电流中自旋角动量的横向分量的损失。因为相互作用是在铁磁体集体有序态之间发生的，它提供了与输运载流子自旋的局域交换。角动量守恒要求载流子自旋损失的横向分量被作用在铁磁体总磁动量的一个扭力。这是所谓的自旋转移扭力 (STT) 或者自旋扭力的起源。

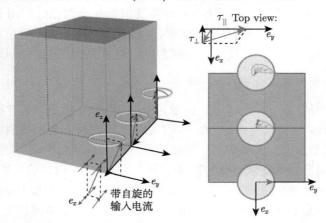

图 4.8 载流子进入一个铁磁体以后的进动和退相干。e_z 是 FM 的磁化强度，箭头代表平均电子自旋

4.5 自旋扭力的物理原理 [4]

自旋扭力是指在自旋电子流与一个铁磁体之间的自旋角动量交换，它的宏观表现就是存在自旋电流时作用在铁磁体上的一个扭力。自旋流通常是由电荷流携带的，但也不总是必须的。与这种相互作用联系的有两类扭力，一类是类交换的，另一类是能量非守恒的。这两类扭力与电子自旋极化和磁矩有不同的矢量关系。类交换扭力是在垂直于平面方向，由磁矩和自旋极化形成，称为 "垂直扭力"。垂直扭力已经知道几十年了，它给出了两个铁磁薄膜，通过一个隔层之间的交换耦合，隔层可以是非磁金属或隧穿势垒。平面内扭力是最近几年才发现，它主要与自旋流通过非磁和铁磁材料界面时的非平衡和非共轴输运相联系。它源自当一个电子进入或者离开铁磁–非磁界面时电子自旋进动的退相。

自旋有关的通过界面的输运控制了在非均匀铁磁/非磁系统中磁阻的许多方面，多年来已经发展了一个 "双流" 输运模型来描写这种输运过程。这个概念来自于过渡金属输运过程的近似处理，因为注意到自旋翻转的散射寿命一般长于动量空间的散射时间。根据这一假设，在非相互作用的电子能带为基础的输运模型中自旋本征态处理为与其他自旋态有效地退耦。自旋分开的双流研究首先是在分析均匀铁磁过渡金属，如 Fe 和 Ni 中的输运物理时发展起来的。它已经被成功地推广到非均匀系统，如包含铁磁/非磁界面或尖锐磁畴壁等的系统。其中最定量处理的是自旋有关输运通过铁磁/非铁磁过渡金属界面，就是所谓的电流垂直于平面 (CPP) 自旋阀 (SV)。

用一种稍微不同的看法，一个类似的双通道电导概念已经应用于考虑电子从一个铁磁金属穿过一个势垒到另一个铁磁金属的自旋有关隧穿，势垒高度对每一个自旋通道可以相等也可以不相等。这个概念已经被用于描述隧穿磁阻现象 (TMR)。

1. 金属–金属界面和自旋阀

在所有多层结构中，一个超薄 (通常几个纳米量级) 铁磁体与非磁金属薄膜的堆层是作用单元。这种自旋阀结，如 Co/Cu/Co，连同顶和底的金属电极组成了基本结构。这就是过去几十年研究的 GMR。反过来，自旋极化电流对磁矩的作用，是上述退相干横向自旋角动量转移的直接结果，引起了对铁磁体的自旋转移扭力。

自旋转移扭力的定量预言是在 1996 年由 Slonczewski[3] 和 Berger[2] 给出的。主要的预言是在足够大的电流密度 (10^7 A/cm^2 量级) 和足够的自旋极化下，自旋极化电流通过界面的相互作用将减小铁磁层明显的阻尼，直到负值，导致自旋波有效地放大，以及 (或) 宏观自旋进动，结果使得纳米磁体在一个单轴的各向异性势中磁矩完全反转。

STT 引起的磁矩反转的动力学不同于磁场引起的反转。STT 作用不是直接地平衡来自磁场或一个单轴的各向异性场的扭力。STT 的零级效应是修正铁磁体的有效阻尼。当阻尼系数变成负的，磁进动的放大最终导致了磁矩的反转。STT 引起的磁激发和反转示于图 4.9[4]。

STT 开关的观察实验上证实了有关的输运物理和磁动力学的基本理论。它还确定了一个简单的原理来估计纳米磁体在单轴各向异性势中开关所需的电流值。用实用单位，临界电流

$$I_{c0} = \left(\frac{2e}{\hbar}\right)\left(\frac{\alpha}{\eta}\right) mH_k, \tag{4.36}$$

其中，e 是电子电荷，单位为 C；$\hbar$ 是普朗克常量，单位为 erg·s；m 是总磁矩，单位为 emu，H_k 是单轴各向异性场单位为 Oe；η 是通过纳米磁体的电流的自旋极化。对一组合理的参数，在室温 T，势垒高度每 $k_B T$ 计算得到临界电流 1μA 量级。这个电流值使得有希望做成固体存储器。

除了开关电流要求，自旋阀类的器件不适合于大规模集成电路的应用要求。因为它们的阻抗明显地与大规模集成电路所用的器件不匹配。一个典型 MOS-FET 的电阻是 1kΩ 量级，而自旋阀的本征电阻仅为 1Ω。这样小的电阻以及相当小的磁

阻 (10％或更小) 使得它们和今天的硅基集成电路不相容。因此从应用的观点，必须要寻找类似于自旋阀的器件，但具有高阻抗。这导致了发现自旋有关的具有大 TMR 的隧道结。

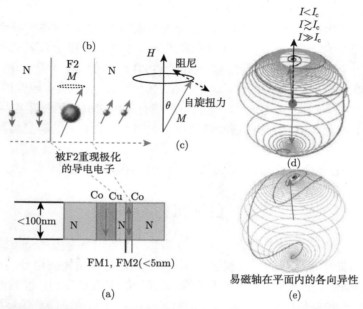

图 4.9 (a) 自旋阀的示意图；(b) 电子从 N/F2 界面进入 F2，它的横向角动量偏离 FM2，产生了对 FM2 的扭力；(c) 在一个完全单轴各向异性势中 FM2 的进动轨道，如果 STT 扭力超过反方向的阻尼扭力，则进动轨道打开了，通过赤道产生磁反转；(d) 在一个具有强退磁引起的易磁平面各向异性的实际结构中的反向轨道

2. 隧穿势垒和磁隧道结

几十年来已知铁磁电极一般在费米能级对不同自旋态有不同的态密度。这个差别在实验上用铁磁体–绝缘体–铁磁体隧道结来研究。隧穿电导依赖于两个铁磁电极的相对取向。早期的实验 (20 世纪 70~80 年代) 都在液氦温度下进行，因为小的 TMR 信号只有百分之几。

1995 年的报道发现了 MTJ 室温下的大 TMR，使得它们可以应用于通常的电子工业。在薄的 $CoFe/Al_2O_3/Co$ 和 $Fe/Al_2O_3/Fe$ 隧道结中在室温下观察到隧穿磁阻 TMR 超过 10％。其后开展了优化材料和工艺条件研究，在低结电阻下使 TMR 极大化，大部分用于传感器，特别是磁存储工业。

另一个重要的隧穿势垒材料是 MgO。它已经成功地应用于以 NbN 为电极的超导隧穿结。MgO 容易生长在许多材料 (包括 Fe) 的 (100) 面上。第一原理计算预言了对许多系统, 如 FM/MgO/Fe 和 Co/MgO/Co, 以及类似的系统, 磁阻能超过 1000%。不久实验就证实, MgO 势垒的隧穿结具有优越的性能, 室温磁阻值为 200% 或更高。至写稿的时候, 在 CoFeB/MgO/CoFeB 隧穿器件中室温 TMR 已经超过 600%, 5 K 的 TMR 超过 1000%。

在晶体 MgO 基的 MTJ 中 TMR 非常大的原因是, 在隧穿中的特殊电子态组具有强的自旋极化。Fe 和 Co 等材料在费米面的平均态密度上仅具有中等的自旋极化。但是对于电子隧穿特别是隧穿在高度 (100) 取向的 MgO 晶体中, 只有具有非常特殊波矢 k 的电子参与隧穿, 这些态在它们的态密度中具有较强的自旋极化。更重要的, 这些态的隧穿概率非常强地与自旋有关, 这引起了隧穿电导非常强的自旋关联性, 使得 MgO 晶体的隧穿结比用非晶 AlO_x 做势垒的隧穿结具有更大的 TMR。

STT 引起的磁开关首先在 AlO_3 基的 MTJ 上直接观察到。

4.6 自旋扭力的理论

宏观自旋作为一个模型系统, 2 个铁磁体 F1 和 F2 被一个非磁层 N 分开 (图 4.9), 它打断了最近邻的交换耦合, 但保留了通过柱状结构的电导的一些形式。

为简化起见, 进一步假定 2 个磁体处于它们的宏观自旋态, 没有内部的磁自由度。这等价于铁磁体的交换能非常大于给定长度标度结构中的能量标度。一个方便的标准是交换长度 λ_{ex} 满足

$$\lambda_{ex} = \sqrt{\frac{A_{ex}}{U_{an}}} \gg L, \qquad (4.37)$$

其中, A_{ex} 是交换能; U_{an} 是各向异性能量密度的零级项。对于具有弱的本征或界面各向异性, U_{an} 往往是易磁平面的各向异性 $2\pi M_s^2$, M_s 是磁化强度。对于垂直磁化薄膜, U_{an} 是纯垂直各向异性, L 是问题中铁磁体的最大尺度。

1. 扭力和宏观自旋动力学

宏观自旋只有 2 个自由度, 它们确定了磁矩的方向。宏观自旋的动力学由 Landau-Lifshitz-Gilbert(LLG) 方程描述。用矢量形式, 它可以写为

$$\left(\frac{1}{\gamma}\right)\frac{d\boldsymbol{m}}{dt} = -\boldsymbol{m} \times \boldsymbol{H}_{eff} + \left(\frac{\alpha}{\gamma}\right)\boldsymbol{m} \times \frac{d\boldsymbol{m}}{dt}$$
$$\approx -\boldsymbol{m} \times \boldsymbol{H}_{eff} - \alpha \boldsymbol{m} \times (\boldsymbol{m} \times \boldsymbol{H}_{eff}), \qquad (4.38)$$

其中, $\boldsymbol{m}$ 是自由层磁化的单位矢量; γ 是旋磁比 (取正值); 有效磁场 $\boldsymbol{H}_{eff}$ 包括所有的磁场, 如外加磁场和内部各向异性场。对一个在给定的能量势 $U(\theta, \varphi)$ 中的固

定强度 m, 垂直于 m 的有效场能写为

$$\boldsymbol{H}_{\mathrm{eff}} = -\nabla U = -\left(\frac{\partial U}{\partial \theta}\right)\boldsymbol{e}_\theta - \left(\frac{1}{\sin\theta}\right)\frac{\partial U}{\partial \varphi}\boldsymbol{e}_\varphi, \tag{4.39}$$

其中, $\boldsymbol{e}_\theta$ 和 $\boldsymbol{e}_\varphi$ 是极坐标的单位矢量; α 是唯象的阻尼常数; $\gamma \approx -2\mu_{\mathrm{B}}/\hbar$ 是在磁矩和角动量之间变换的旋磁比。

2. LLG 方程的计算实例

(1) $\alpha = 0$, 方程 (2.3) 变为

$$\frac{\mathrm{d}\boldsymbol{m}}{\mathrm{d}t} = -\gamma\boldsymbol{m} \times \boldsymbol{H}_{\mathrm{eff}}. \tag{4.40}$$

取 $\boldsymbol{H}_{\mathrm{eff}} = H_0\boldsymbol{e}_{\boldsymbol{z}}$, 将方程 (4.42) 写成分量形式:

$$\begin{cases} \dfrac{\mathrm{d}m_x}{\mathrm{d}t} = -\gamma m_y H_0, \\[2mm] \dfrac{\mathrm{d}m_y}{\mathrm{d}t} = \gamma m_x H_0, \\[2mm] \dfrac{\mathrm{d}m_z}{\mathrm{d}t} = 0. \end{cases} \tag{4.41}$$

特征值方程为

$$\begin{vmatrix} -\lambda & -\gamma H_0 & 0 \\ \gamma H_0 & -\lambda & 0 \\ 0 & 0 & -\lambda \end{vmatrix} = 0, \tag{4.42}$$

得到特征值为 $\lambda = \pm\mathrm{i}\gamma H_0$。假定初始的 m 位于 x-z 平面, 与 z 轴成 θ 角, 则得到方程的解为

$$\begin{cases} m_x = \sin\theta_0 \cos\gamma H_0 t, \\ m_y = \sin\theta_0 \sin\gamma H_0 t, \\ m_z = \cos\theta_0. \end{cases} \tag{4.43}$$

m 绕着 $\boldsymbol{H}_{\mathrm{eff}}$, 也就是 z 轴做进动, 进动的角频率为 γH_0。

数值计算: 令 $\tau = \gamma H_0 t$, 则方程 (4.41) 可以写为

$$\begin{cases} \dfrac{\mathrm{d}m_x}{\mathrm{d}\tau} = -m_y, \\[2mm] \dfrac{\mathrm{d}m_y}{\mathrm{d}\tau} = m_x. \end{cases} \tag{4.44}$$

方程 (4.44) 是一个线性微分方程组, 可用定步长龙格–库塔方法求解。取参数: 步长 $\mathrm{H} = 0.01$, τ 的长度 $T1 = 8.$, 初始条件: $Y(1) = 0$, $Y(2) = 1$, $Y(3) = 0$。计算结

果见图 4.10，由图可见，m_x，m_y 分别以 $\cos\tau$ 和 $\sin\tau$ 随时间变化，也就是 $\boldsymbol{m}$ 绕 z 轴做进动。

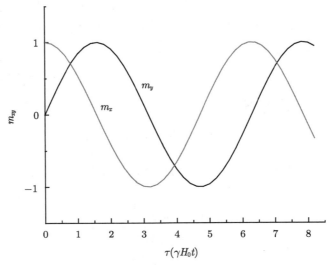

图 4.10   方程 (4.44) 的解

(2) $\alpha \neq 0$，方程 (4.38) 变为

$$\frac{\mathrm{d}\boldsymbol{m}}{\mathrm{d}t} = -\gamma \boldsymbol{m} \times \boldsymbol{H}_{\text{eff}} - \alpha\gamma \boldsymbol{m} \times (\boldsymbol{m} \times \boldsymbol{H}_{\text{eff}}). \tag{4.45}$$

仍取 $\boldsymbol{H}_{\text{eff}} = H_0 \boldsymbol{e_z}$，将方程 (4.45) 写成分量形式，

$$\begin{cases} \dfrac{\mathrm{d}m_x}{\mathrm{d}t} = -\gamma m_y H_0 - \gamma\alpha m_x m_z H_0, \\[2mm] \dfrac{\mathrm{d}m_y}{\mathrm{d}t} = \gamma m_x H_0 - \gamma\alpha m_y m_z H_0, \\[2mm] \dfrac{\mathrm{d}m_z}{\mathrm{d}t} = -\gamma\alpha \left(m_x^2 - m_y^2\right) H_0. \end{cases} \tag{4.46}$$

数值计算：令 $\tau = \gamma H_0 t$，则方程 (4.46) 可以写为

$$\begin{cases} \dfrac{\mathrm{d}m_x}{\mathrm{d}\tau} = -m_y - \alpha m_x m_z, \\[2mm] \dfrac{\mathrm{d}m_y}{\mathrm{d}\tau} = m_x - \alpha m_y m_z, \\[2mm] \dfrac{\mathrm{d}m_z}{\mathrm{d}\tau} = -\alpha \left(m_x^2 - m_y^2\right). \end{cases} \tag{4.47}$$

取参数：$H = 0.01$，$T1 = 8.$，初始条件：$Y(1) = 0$，$Y(2) = 0$，$Y(3) = 1$，$Y(4) = 1$。计算结果见图 4.11 和图 4.12，由图可见，m_x，m_y 分别以 $\sin\tau$ 和 $\cos\tau$ 随时间变化，但是有衰减，α 越大，衰减越大；m_z 基本不变，仅有小的振荡。

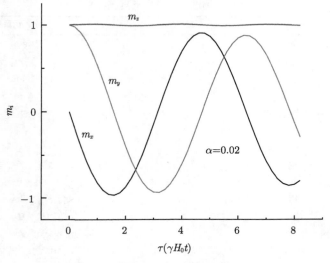

图 4.11 方程 (4.47) 的解，$\alpha = 0.02$

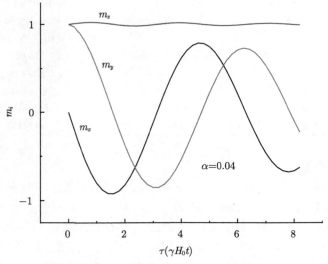

图 4.12 方程 (4.47) 的解，$\alpha = 0.02$

本书中磁学单位统一用国际单位制 [1]，它的基本单位是：伏 (V)、安培 (A)、米 (m) 和秒 (s)。物理量、符号及其国际单位见表 4.7。

表 4.7 物理量、符号及其国际单位

符号	物理量	等价物理量	数值和单位
A	矢势		$\mathrm{V \cdot s \cdot m^{-1}}$
E	电场		$\mathrm{V \cdot m^{-1}}$
D	电位移	$\epsilon\epsilon_0 E$	$\mathrm{A \cdot s \cdot m^{-2}}$
H	磁场		$\mathrm{A \cdot m^{-1}}$
B	磁感应强度	$\mu\mu_0 H$	$\mathrm{V \cdot s \cdot m^{-2}} (\equiv \mathrm{T})$
p	电偶极矩		$\mathrm{A \cdot s \cdot m}$
m	磁偶极矩		$\mathrm{V \cdot s \cdot m}$
M	磁化	m/V	$\mathrm{V \cdot s \cdot m^{-2}} (\equiv \mathrm{T})$
c	光速	$1/\sqrt{\epsilon_0\mu_0}$	$2.998 \times 10^8 \mathrm{m \cdot s^{-1}}$
ϵ_0	介电常数	$1/\mu_0 c^2$	$8.854 \times 10^{-12} \mathrm{A \cdot s \cdot V^{-1} \cdot m^{-1}}$
μ_0	磁导率	$1/\epsilon_0 c^2$	$4\pi \times 10^{-1} \mathrm{V \cdot s \cdot A^{-1} \cdot m^{-1}}$
$1/4\pi\epsilon_0$	国际单位制的因子		$8.99 \times 10^9 \mathrm{V \cdot m \cdot A^{-1} \cdot s^{-1}}$
μ_B	玻尔磁子	$e\hbar\mu_0/2m_e$	$1.165 \times 10^{-29} \mathrm{V \cdot m \cdot s^{-1}}$
m_e	电子质量		$9.109 \times 10^{-31} \mathrm{V \cdot A \cdot s^3 \cdot m^{-2}}$
h	普朗克常量		$6.626 \times 10^{-34} \mathrm{V \cdot A \cdot s^2} = 4.136 \mathrm{eV \cdot fs}$
N_A	阿伏伽德罗常量		$6.02214 \times 10^{23} \mathrm{atoms/mol}$
$q = -e$	电子电荷		$-1.602 \times 10^{-19} \mathrm{A \cdot s}$
e/m_e	电子荷质比	ω/B	$1.759 \times 10^{11} \mathrm{rad \cdot s^{-1} \cdot T^{-1}}$
$m_e c^2$	电子静止能量		$0.819 \times 10^{-13} \mathrm{V \cdot A \cdot s} = 0.511 \mathrm{MeV}$
E_R	里德伯能量	$m_e e^4/2\hbar^2 (4\pi\epsilon_0)^2$	$13.060 \mathrm{eV}$
a_0	玻尔半径	$4\pi\epsilon_0\hbar^2/m_e e^2$	$0.529 \times 10^{-10} \mathrm{m}$
r_e	经典电子半径	$e^2/4\pi\epsilon_0 m_e c^2$	$2.818 \times 10^{-15} \mathrm{m}$
σ_e	汤姆孙截面	$8\pi r_e^2/3$	$0.665 \times 10^{-28} \mathrm{m^2}$
α_f	精细结构常数	$e^2/4\pi\epsilon_0\hbar c$	$= 1/137.04$

单位的转换见下：

1 奥斯特 (Oe) $= (1000/4\pi)\mathrm{A \cdot m^{-1}} = 79.59\mathrm{A \cdot m^{-1}}$; 1 特斯拉 (T) $= 1\mathrm{N \cdot A^{-1} \cdot m^{-1}} = 1\mathrm{V \cdot s \cdot m^{-2}}$ (即 1T 对应于 10^4Oe); 1 欧姆 $(\Omega) = 1\mathrm{V \cdot A^{-1}}$; 1 库仑 (C) $= 1\mathrm{A \cdot s}$; 1 牛顿 (N) $= 1\mathrm{V \cdot A \cdot s \cdot m^{-1}}$; 1 千克 (kg) $= 1\mathrm{V \cdot A \cdot s^3 m^{-2}}$; 1 法拉 (F) $= 1\mathrm{A \cdot s \cdot V^{-1}}$; 1 焦耳 (J) $= 1\mathrm{N \cdot m} = 1\mathrm{V \cdot A \cdot s}$; 1 瓦特 (W) $= 1\mathrm{V \cdot A} = 1\mathrm{J \cdot s^{-1}}$; $1\mathrm{eV} = 1.602 \times 10^{-19}\mathrm{V \cdot A \cdot s}$; $1\mathrm{eV}/k_\mathrm{B} = 1.1605 \times 10^4$K (从能量到温度); $1\mathrm{eV}/h = 2.418 \times 10^{14}$Hz (从能量到频率); $1\mathrm{eV}/hc = 8066\mathrm{cm^{-1}}$ (从能量到波数，也可以是 $1\mathrm{cm^{-1}} = 1$Kayser); $h\nu[\mathrm{eV}] = 1239.852/\lambda[\mathrm{nm}]$ (从光子能量到波长，反之亦然); $1\mu_\mathrm{B}/\mu_0 = 0.578 \times 10^{-4}\mathrm{eV \cdot T^{-1}}$; 1barn (b) $= 1 \times$

$10^{-28}\mathrm{m}^2$; $1° = \pi/180\mathrm{rad} = 17.45\mathrm{mrad}$; $1\mathrm{arcmin} = 1/60° = 290.9\mathrm{\mu rad}$。

例如，玻尔磁子

$$\mu_{\mathrm{B}} = \frac{e\hbar}{2m_{\mathrm{e}}} = \frac{1.602 \times 10^{-19}\mathrm{C} \times 1.0544 \times 10^{34}\mathrm{J} \cdot \mathrm{s}}{2 \times 9.1 \times 10^{-31}\mathrm{kg}}$$
$$= 0.928 \times 10^{-23}\frac{\mathrm{A} \cdot \mathrm{s} \times \mathrm{kg} \cdot \mathrm{m}^2/\mathrm{s}}{\mathrm{kg}} = 0.928 \times 10^{-23}\mathrm{A} \cdot \mathrm{m}^2. \tag{4.48}$$

采用国际单位制：V·m·s

$$\mu_{\mathrm{B}} = \mu_0 \frac{e\hbar}{2m_{\mathrm{e}}} = 1.257 \times 10^{-6}\frac{\mathrm{V} \cdot \mathrm{s}}{\mathrm{A} \cdot \mathrm{m}} \times 0.928 \times 10^{-23}\mathrm{A} \cdot \mathrm{m}^2$$
$$= 1.166 \times 10^{-29}\mathrm{V} \cdot \mathrm{ms}. \tag{4.49}$$

在这个定义中，μ_{B} 和磁矩 $\boldsymbol{m}$ 的单位都是 V·m·s。这就给出了简单的关系式 $\boldsymbol{m} = MV$，其中体积 V 的单位是 m^3，磁化 M 的单位是 $\mathrm{V} \cdot \mathrm{s} \cdot \mathrm{m}^{-2}$(T)。利用这些定义，磁能量可以写为 $E = -\boldsymbol{m} \cdot \boldsymbol{H}$，具有国际标准单位制中的恰当单位 A·V·s(J)。

4.7 具有自旋扭力项的修正 LLG 方程

在有扭力的情况下，LLG 方程为

$$\frac{1}{\gamma}\frac{\mathrm{d}\boldsymbol{m}}{\mathrm{d}t} = -\boldsymbol{m} \times \boldsymbol{H}_{\mathrm{eff}} + \left(\frac{\alpha}{\gamma}\right)\boldsymbol{m} \times \frac{\mathrm{d}\boldsymbol{m}}{\mathrm{d}t} - a_{\mathrm{J}}\boldsymbol{m} \times (\boldsymbol{m} \times \boldsymbol{n}_{\mathrm{s}}). \tag{4.50}$$

其中

$$a_{\mathrm{J}} = \left(\frac{\hbar}{2e}\right)\eta\left(\frac{I}{m}\right), \tag{4.51}$$

η 是电子的自旋极化度，I 是电荷电流，m 是磁矩。将方程 (4.50) 左端的 $\mathrm{d}\boldsymbol{m}/\mathrm{d}t$ 代入右端，经整理，最后得到

$$\frac{1}{\gamma_0}\frac{\mathrm{d}\boldsymbol{m}}{\mathrm{d}t} = -\boldsymbol{m} \times \boldsymbol{H}_{\mathrm{eff}} - \alpha\boldsymbol{m} \times (\boldsymbol{m} \times \boldsymbol{H}_{\mathrm{eff}}) - a_{\mathrm{J}}\boldsymbol{m} \times (\boldsymbol{m} \times \boldsymbol{n}_{\mathrm{s}}) + \alpha a_{\mathrm{J}}(\boldsymbol{m} \times \boldsymbol{n}_{\mathrm{s}}). \tag{4.52}$$

其中

$$\gamma_0 = \frac{\gamma}{1 + \alpha^2}. \tag{4.53}$$

为将方程 (4.52) 化为无量纲形式，令无量纲的时间

$$\tau = \gamma_0 H_0 t, \tag{4.54}$$

H_0 是单位磁场的大小，在本书中取 $H_0 = 10^4\mathrm{A/m}$，时间单位 $\tau_0 = 1/\gamma H_0 = 0.25\mathrm{ns}$。方程 (4.52) 可以表为无量纲形式：

$$\frac{\mathrm{d}\boldsymbol{m}}{\mathrm{d}\tau} = -\boldsymbol{m} \times \boldsymbol{h}_{\mathrm{eff}} - \alpha\boldsymbol{m} \times (\boldsymbol{m} \times \boldsymbol{h}_{\mathrm{eff}}) - a_{\mathrm{JH}}\boldsymbol{m} \times (\boldsymbol{m} \times \boldsymbol{n}_{\mathrm{s}}) + \alpha a_{\mathrm{JH}}(\boldsymbol{m} \times \boldsymbol{n}_{\mathrm{s}}). \tag{4.55}$$

h_{eff} 是无量纲的有效磁场，n_{s} 是固定铁磁体层内静磁场的单位矢量。

LLG 方程 (4.50) 中第 3 项系数 a_{J} 除以磁场单位 H_0，可得

$$a_{\text{JH}} = \frac{a_{\text{J}}}{H_0} = \left(\frac{\hbar}{2e}\right) \frac{\eta J}{\mu_0 d M_{\text{s}} H_0} = \left(\frac{\hbar}{2e}\right) \frac{\eta I}{\mu_0 S d M_{\text{s}} H_0}, \tag{4.56}$$

其中，I 是流过样品的电流，S 是样品的横截面积，因此 Sd 是样品的体积。将有关数据代入式 (4.56)，$I = i$mA，$M_{\text{s}} = m_{\text{s}} \times 10^6$A/m，样品体积 $V = Sd = v \times 9 \times (10^{-8}\text{m})^3$，$H_0 = 10^6$A/m，$\mu_0 = 1.257 \times 10^7$V·s/(A·m)，得到

$$\mu_0 S d M_{\text{s}} = 1.257 \times 10^{-6} \frac{\text{V} \cdot \text{s}}{\text{A} \cdot \text{m}} \times v \times 9 \times \left(10^{-8}\text{m}\right)^3 \times m_{\text{s}} \times 10^6 \frac{\text{A}}{\text{m}}$$
$$= 1.13 \times 10^{-23} (vm_{\text{s}}) \, \text{V} \cdot \text{m} \cdot \text{s},$$

$$\mu_0 S d M_{\text{s}} H_0 = 1.13 \times 10^{-23} (vm_{\text{s}}) \, \text{V} \cdot \text{m} \cdot \text{s} \times 10^4 \frac{\text{A}}{\text{m}} = 1.13 \times 10^{-19} \times (vm_{\text{s}}) \, \text{V} \cdot \text{A} \cdot \text{s}(\text{J}),$$

$$\frac{a_{\text{J}}}{H_0} = \frac{1.0544 \times 10^{-34}\text{J} \cdot \text{s} \times \eta \times i \times 10^{-3}\text{A}}{2 \times 1.602 \times 10^{-19}\text{C} \times 1.13 \times 10^{-19} \times (vm_{\text{s}}) \, \text{J}} = 2.91 \frac{\eta i}{vm_{\text{s}}}. \tag{4.57}$$

a_{JH} 是一个无量纲量，其中电流 i 的单位是 mA，样品的体积 $V = v \times 120 \times 50 \times 1.5nm^3 = v \times 9000$nm^3，饱和磁化 $M_{\text{s}} = m_{\text{s}} \times 10^6$A/M。

$\boldsymbol{H}_{\text{eff}}$ 代表了磁体内外磁场和内部各向异性磁场之和 [4]。在不存在外场的情况下，仍有内场，它负责保持磁化沿易磁轴。例如，一个薄膜磁体在 x-y 平面，具有易磁轴沿 z 方向，内磁场为 $\boldsymbol{H}_{\text{eff}} = H_k m_z \boldsymbol{z} - H_d m_y \boldsymbol{y}$。它代表了内部 "单轴各向异性" 和 "垂直平面的退磁" 有效场，因此有效场是与 $\boldsymbol{m}$ 的取向有关的。

4.8　自旋扭力引起的磁动力学 [4]

1. 零温宏观自旋动力学

基于方程 (4.52)，假定自旋流 I 具有固定的极化方向 n_{s}，I 的大小不依赖于磁矩与 n_{s} 的相对角度。进一步假设，所有的磁轴 (包括自旋极化方向、外加磁场和各向异性场) 是相同的。在这种共线情况下，方程 (4.52) 对一些特殊的情况能够解析地求解。

一种最简单的特殊情况是方程中唯一能量守恒的力是沿着单位矢量方向 $\boldsymbol{e}_z$ 的共线外磁场，这时具有自旋扭力的小阻尼 LLG 方程能写为

$$\left(\frac{1}{\gamma}\right) \frac{\text{d}\boldsymbol{m}}{\text{d}t} = -\boldsymbol{m} \times H\boldsymbol{e}_z - \alpha \boldsymbol{m} \times (\boldsymbol{m} \times H\boldsymbol{e}_z) - I_{\text{s}} \boldsymbol{m} \times (\boldsymbol{m} \times \boldsymbol{e}_z)$$
$$= -\boldsymbol{m} \times H\boldsymbol{e}_z - \tilde{\alpha} \boldsymbol{m} \times (\boldsymbol{m} \times H\boldsymbol{e}_z), \tag{4.58}$$

其中, $\tilde{\alpha} = \alpha + I_s/H$。方程 (4.58) 的最后一行类似于没有扭力的 LLG 方程, 但是有一个自旋电流控制的表观阻尼系数 $\tilde{\alpha}$。

自旋扭力的零级效应已经由方程 (4.58) 导出了。自旋扭力的效应就是修正宏观自旋动力学的阻尼。依赖于自旋电流的符号和大小, 它能引起表观阻尼系数 $\tilde{\alpha}$ 变成大于或小于材料的 LLG 阻尼系数, 甚至改变符号。当 $\tilde{\alpha}$ 变成负值, 宏观自旋的进动不再阻尼, 而是放大, 进动锥角随时间而增大, 所以 $\tilde{\alpha} = 0$ 是临界不稳定性的阈值, 它定义了引起磁激发, 甚至磁反转的临界自旋电流。因此临界自旋流为 $I_{s,\text{crit}} = -H\alpha$。

当一个宏观自旋在一个强共线单轴各向异性能阱中, $H_{\text{eff}} = H + H_k$, H_k 是各向异性场, 则

$$I_{s,\text{crit}} = \alpha\,(H + H_k). \tag{4.59}$$

利用式 (4.51), 变换为相应的电荷电流:

$$I_{c} = \left(\frac{2e}{\hbar}\right)\left(\frac{\alpha}{\eta}\right) m\,(H + H_k), \tag{4.60}$$

η 是电荷电流的自旋极化率。式 (4.60) 适用于全金属自旋阀, 如 Co/Cu/Co。

2. 有限温度的宏观自旋动力学

在有限温度下, 系统与热源处于热平衡状态, 宏观自旋有一定概率分布在它的势能极小附近, 被玻尔兹曼分布描述。这种系统的时间有关方程可以写为

$$\left(\frac{1}{\gamma}\right)\frac{d\boldsymbol{m}}{dt} = -\boldsymbol{m} \times (\boldsymbol{H}_{\text{eff}} + \boldsymbol{H}_{\text{L}}) - \alpha\boldsymbol{m} \times (\boldsymbol{m} \times \boldsymbol{H}_{\text{eff}}), \tag{4.61}$$

其中, 势场 $\boldsymbol{H}_{\text{L}}$(又称 Langevin 场) 描述由于与热源相互作用产生的热扰动。可以在直角坐标系中写出 $\boldsymbol{H}_{\text{L}}$, 它的 3 个分量满足

$$\begin{cases} \langle H_{\text{L}i} \rangle = 0, \\ \langle H_{\text{L}i} H_{\text{L}j} \rangle = H_{\text{L}}^2 \delta_{i,j}, \quad \{i,j\} \in \{x,y,z\}. \end{cases} \tag{4.62}$$

H_{L} 的大小由扰动-耗散关系确定, 给出了 H_{L} 与系统温度 T 的关系:

$$H_{\text{L},i} = \sqrt{\frac{2\alpha k_{\text{B}}T}{\gamma m}}\, I_{\text{ran},i}(t), \quad i = x,y,z, \tag{4.63}$$

其中, $\boldsymbol{I}_{\text{ran}}(t)$ 是一个高斯型的无规函数, 它的前两个矩为 $\langle \boldsymbol{I}_{\text{ran}}(t) \rangle = 0$, $\langle \boldsymbol{I}_{\text{ran}}^2(t) \rangle = 1$, 3 个分量的扰动是不相关的。

在存在平面内自旋扭力 $\tau_{\parallel}$ 的情况下, 假定自旋扭力项没有扰动, 则动力学方程为

$$\left(\frac{1}{\gamma}\right)\frac{\mathrm{d}\boldsymbol{m}}{\mathrm{d}t} = -\boldsymbol{m}\times(\boldsymbol{H}_{\mathrm{eff}}+\boldsymbol{H}_{\mathrm{L}}) - \alpha\boldsymbol{m}\times(\boldsymbol{m}\times\boldsymbol{H}_{\mathrm{eff}}) + I_{\mathrm{s}}\boldsymbol{m}\times(\boldsymbol{m}\times\boldsymbol{n}_{\mathrm{s}}) \tag{4.64}$$
$$= -\boldsymbol{m}\times(\boldsymbol{H}_{\mathrm{eff}}+\boldsymbol{H}_{\mathrm{L}}) - \tilde{\alpha}\boldsymbol{m}\times(\boldsymbol{m}\times\boldsymbol{H}_{\mathrm{eff}}),$$

其中假定 $\boldsymbol{H}_{\mathrm{eff}}$ 只有磁场在共线方向。一个没有扰动的自旋电流将不改变, 因此在有自旋扭力的情况下得到一个虚拟温度 $\tilde{T}$ 作为自旋流的函数:

$$\sqrt{\frac{2\alpha k_{\mathrm{B}}T}{\gamma m}} = \sqrt{\frac{2\tilde{\alpha}k_{\mathrm{B}}\tilde{T}}{\gamma m}}, \quad \tilde{T} = \frac{T}{1 - I_{\mathrm{s}}/I_{\mathrm{sc}}}. \tag{4.65}$$

因此, 当 $0 < I_{\mathrm{s}} < I_{\mathrm{sc}}$ 时, 自旋电流增加了宏观自旋的虚拟温度; 当 $I_{\mathrm{s}} < 0$ 时, 它减小了虚拟温度。临界电流 I_{sc} 相当于 $\tilde{T} \sim I_{\mathrm{s}}$ 曲线上的一个奇点。

3. 超临界的自旋扭力和开关速度

先考虑零温情况。当自旋极化电流超过了临界电流式 (4.60), 磁体的磁矩发生反转。开关时间定义为从一个小的初始角 $\theta = \theta_0 \ll 1$ 进动到 $\pi/2$ 所需的时间, 由线性化的 LLG 方程估计为

$$\begin{cases} \tau \approx \dfrac{\tau_0}{(I/I_c - 1)}\ln\left(\dfrac{\pi}{2\theta_0}\right), \\ \tau_0 = \left(\dfrac{\hbar}{2\mu_{\mathrm{B}}}\right)\dfrac{1}{(H + H_k)\,\alpha} = \dfrac{m/\mu_{\mathrm{B}}}{\eta\,(I_c/e)}. \end{cases} \tag{4.66}$$

实验结果 [6]:

MgO 基的磁隧道结 (MTJs) 是 STT-MRAM 主要的候选者, 它提供了高隧穿磁阻 (TMR) 和在互补的 CMOS 技术中与读和写相兼容的电阻-面积积 (RA)。

在一个具有共线自由和固定层的平面 MTJ 中, 开关电流密度为

$$J_{\mathrm{c}} \approx \left(\frac{2e\alpha M_{\mathrm{s}}t}{\hbar\eta}\right)[H_k + (H_{\mathrm{d}} - H_{k\perp})/2]. \tag{4.67}$$

其中, α 是阻尼系数; η 是自旋转移效率; M_{s} 和 t 是自由层的饱和磁化强度和厚度; H_k 是平面内形状引起的各向异性场; $H_{\mathrm{d}} \approx 4\pi M_{\mathrm{s}} \gg H_k$ 是垂直于平面的退磁场; $H_{k\perp}$ 是自由层中垂直各向异性场; 增加 $H_{k\perp}$ 能抵消垂直平面的退磁场 H_{d}, 减小 J_{c}。

由磁和电的测量发现, 在富 Fe 的 CoFeB 薄膜中, 开关电流密度和垂直各向异性强烈依赖于自由层厚度。优化自由层厚度, 已经得到 10ns 脉冲宽度下开关电流密度 $\sim 4\mathrm{MA/cm}^2$。

参 考 文 献

[1] Stohr J, Stegmann H C. 磁学——从基础知识到纳米尺度超快动力学. 姬扬译. 北京：高等教育出版社, 2012.

[2] Berger L. IEEE Trans. Mag., 1995, 31: 3871; Phys. Rev. B, 1996, 54: 9353.

[3] Slonczewski J C. J. Magn. Magn. Mat., 1996 ,159: L1.

[4] Sun J Z. Physical principles of spin torque // in Handbook of Spintronics, Vol. IV, Editors: Y. B. Xu, D. D. Awschalom, J. Nitta. Springer Reference, 2016: 1339.

[5] Stiles M D, Zangwill A. Phys. Rev. B, 2002, 66.

[6] Amiri P K, et al. Appl. Phys. Lett., 2011, 98: 112507.

第 5 章　微纳磁体中用自旋极化电流控制自旋

最近发展的磁随机存储器 (MRAM) 中提出采用电流达到磁化开关的有效控制 [1,2]，也就是自旋转向扭力 (STT)。STT 的物理机制是基于自旋角动量守恒。有一个纳米尺度的三明治结构 FM1/N/FM2，其中 FM1 是有固定磁化的铁磁体，N 是非磁层，FM2 是薄铁磁层，称为自由层，它的磁化能改变。自旋极化的电子由 FM1 层注入 FM2 层，电子的极化度 P 由 FM1 的磁化确定。电子通过中间的非磁层进入 FM2 层，其中有局域的各向异性磁场代替了外磁场。在 FM2 层中自旋极化电子绕着局域磁场进动。由于阻尼效应，电子的自旋将趋于局域场。由于角动量守恒，FM2 中的局域磁化将受到相反的扭力。这样的过程将被用来控制磁化过程，甚至开关。

在第 3 和 4 章中已经介绍，研究宏观自旋动力学最有用的工具是 LLG 方程，LLG 方程的基础是宏观自旋模型，也就是将磁层中的磁化处理为一个单自旋 $m=MV$，V 是样品的体积，因此磁层中的自旋动力学仅被几个基本的物理参量描述。结果发现，在磁自由层中的自旋动力学与这个模型的计算结果相符。

对于将来的磁信息储存技术，如 MRAM，电流引起的磁化反转是最关键的。Diao 等给出了磁隧道结中电流驱动的磁化开关的实验和数值计算结果 [3]。他们得到隧穿磁阻之比高达 155%，固有开关电流密度低达 $1.1\times10^6\mathrm{A/cm^2}$。Safeer 等报道了控制磁化反转的一种新方法 [4]：利用自旋轨道扭力得到磁化反转，直接从晶格得到转移的角动量。电流方向不再限制在一个单方向，可以在磁薄膜平面内任意方向。Zhang 等确定了平面内和垂直方向的自旋扭力在增强自由层的实际磁化开关时所起的重要作用 [5]。将电场脉冲和 STT 电流结合起来，磁开关的功率将降低 2 个数量级。

STT 自旋扭力效应已经被许多实验证实。在铁磁半导体基 (Ga, Mn)As/GaAs/(Ga, Mn)As 磁隧道结中，在 30K 下已经确定了电流驱动的磁化反转 [6]。在一个 $1.5\mu\mathrm{m}\times0.3\mu\mathrm{m}$ 的直角形器件上，加低电流密度 $1.1\times10^5\sim2.2\times10^6\mathrm{A/cm^2}$ 的电流脉冲，就得到磁化开关。CoFe/Pd/CoFe 基的垂直巨磁阻也报道了自旋扭力的开关性质 [7]，给出了自旋转换开关概率作为脉冲电流大小和脉冲宽度函数的二维等值图。直径为 40nm 的 CoFeB/MgO/CoFeB 垂直磁隧道结 (MTJ) 显示了隧穿磁阻比高达 120%，高的热稳定性，以及低的开关电流 $49\mu\mathrm{A}$[8]。

本章将讨论自旋开关性质作为材料参数、电流等的函数 [9]。

5.1 具有自旋扭力项的 LLG 方程

$$\frac{\mathrm{d}\boldsymbol{m}}{\mathrm{d}t} = -\gamma\boldsymbol{m}\times\boldsymbol{H}_{\mathrm{eff}} + \alpha\boldsymbol{m}\times\frac{\mathrm{d}\boldsymbol{m}}{\mathrm{d}t} - \tau_{\mathrm{STT}}, \tag{5.1}$$

其中，$\boldsymbol{m}$ 是宏观磁矩方向的单位矢量；α 是阻尼系数；γ 是旋磁比；$\boldsymbol{H}_{\mathrm{eff}}$ 是有效磁场，包括外磁场和局域各向异性磁场；τ_{STT} 是自旋极化电流产生的自旋转移力矩：

$$\tau_{\mathrm{STT}} = \gamma\left(\frac{\hbar}{2e}\right)\frac{\eta I}{\mu_0 S d M_{\mathrm{s}}}\boldsymbol{m}\times(\boldsymbol{m}\times\boldsymbol{n}_{\mathrm{s}}), \tag{5.2}$$

其中，η 是电子的自旋极化度；I 是电流；$\boldsymbol{n}_{\mathrm{s}}$ 是自旋极化电流自旋方向的单位矢量，也就是固定铁磁体层内磁化的单位矢量；M_{s} 是自由层饱和磁化强度；S 和 d 分别为自由层的面积和厚度。将方程 (5.1) 左端的 $\mathrm{d}\boldsymbol{m}/\mathrm{d}t$ 代入右端，经整理，最后得到

$$\frac{1}{\gamma_0}\frac{\mathrm{d}\boldsymbol{m}}{\mathrm{d}t} = -\boldsymbol{m}\times\boldsymbol{H}_{\mathrm{eff}} - \alpha\boldsymbol{m}\times(\boldsymbol{m}\times\boldsymbol{H}_{\mathrm{eff}}) - a_{\mathrm{J}}\boldsymbol{m}\times(\boldsymbol{m}\times\boldsymbol{n}_{\mathrm{s}}) + \alpha a_{\mathrm{J}}(\boldsymbol{m}\times\boldsymbol{n}_{\mathrm{s}}), \tag{5.3}$$

其中

$$\gamma_0 = \frac{\gamma}{1+\alpha^2}, \quad a_{\mathrm{J}} = \left(\frac{\hbar}{2e}\right)\eta\left(\frac{I}{\mu_0 S d M_{\mathrm{s}}}\right). \tag{5.4}$$

令

$$\tau = \gamma H_0 t, \tag{5.5}$$

$\tau_0 = 1/\gamma H_0$ 是时间单位，方程 (5.3) 可以表示为无量纲形式：

$$(1+\alpha^2)\frac{\mathrm{d}\boldsymbol{m}}{\mathrm{d}\tau} = -\boldsymbol{m}\times\boldsymbol{h}_{\mathrm{eff}} - \alpha\boldsymbol{m}\times(\boldsymbol{m}\times\boldsymbol{h}_{\mathrm{eff}}) - a_{\mathrm{JH}}\boldsymbol{m}\times(\boldsymbol{m}\times\boldsymbol{n}_{\mathrm{s}}) + \alpha a_{\mathrm{JH}}(\boldsymbol{m}\times\boldsymbol{n}_{\mathrm{s}}), \tag{5.6}$$

其中，$\boldsymbol{h}_{\mathrm{eff}}=\boldsymbol{H}_{\mathrm{eff}}/H_0$ 是无量纲的有效磁场，$a_{\mathrm{JH}}=a_{\mathrm{J}}/H_0$。

以下具体看一下 LLG 方程中各项系数的数值。我们取 $H_0=10^4\mathrm{A/m}\sim1.257\times10^{-2}\mathrm{T}$，(见第 4 章表 4.7) 则有旋磁比 $\gamma=175.8\mathrm{GHz/T}$。

证明：

$$\gamma = \frac{e\mu_0}{m_{\mathrm{e}}} = \frac{1.602\times10^{-19}\mathrm{A}\cdot\mathrm{s}\times4\pi\times10^{-7}\mathrm{V}\cdot\mathrm{s}\cdot\mathrm{A}^{-1}\cdot\mathrm{m}^{-1}}{9.109\times10^{-31}\mathrm{V}\cdot\mathrm{A}\cdot\mathrm{s}^3\cdot\mathrm{m}^{-2}}$$

$$= 2.21\times10^5\frac{\mathrm{m}}{\mathrm{s}\cdot\mathrm{A}} = 2.21\times10^5\times\frac{1}{12.566\mathrm{T}\cdot\mathrm{s}} = 175.8\mathrm{GHz/T}. \tag{5.7}$$

$$1\frac{\mathrm{A}}{\mathrm{m}} = 4\pi\times10^{-7}\mathrm{V}\cdot\mathrm{s}\cdot\mathrm{m}^{-2} = 12.566\mathrm{T}.$$

时间单位，

$$\tau_0 = \frac{1}{\gamma H_0} = 0.453\mathrm{ns}. \tag{5.8}$$

系数 a_{JH} 为

$$a_{\mathrm{JH}} = \frac{a_{\mathrm{J}}}{H_0} = \left(\frac{\hbar}{2e}\right)\frac{\eta I}{\mu_0 S d M_{\mathrm{s}} H_0} \tag{5.9}$$

其中，I 是流过样品的电流，S 是样品的横截面积，因此 Sd 是样品的体积。假设样品的体积 $\Omega = Sd = v \times 9000\mathrm{nm}^3$，电流 $I = i\mathrm{mA}$，饱和磁化 $M_{\mathrm{s}} = m_{\mathrm{s}} \times 10^6 \mathrm{A/m}$，则有 (见第 4 章)

$$a_{\mathrm{JH}} = \frac{a_{\mathrm{J}}}{H_0} = 2.91\frac{\eta i}{v \times m_{\mathrm{s}}}, \tag{5.10}$$

是一个无量纲量，只与电子自旋极化率 η、i、v 和 m_{s} (数值) 有关。其中电流 i 的单位是 mA，样品的体积 v 的单位 $\Omega = 120 \times 50 \times 1.5\mathrm{nm}^3 = 9000\mathrm{nm}^3$，饱和磁化 m_{s} 的单位是 $10^6\mathrm{A/m}$。

$\boldsymbol{H}_{\mathrm{eff}}$ 代表了磁体内内和外磁场之和。在不存在外场的情况下，仍有内场，它负责保持磁化沿易磁轴。例如，一个薄膜磁体在 x-y 平面具有易磁轴沿 z 方向，内部有效磁场为

$$\boldsymbol{h}_{\mathrm{eff}} = h_z m_z \boldsymbol{e}_z - h_x m_x \boldsymbol{e}_x, \tag{5.11}$$

h_z 和 h_x 分别代表了内部 "单轴各向异性" 和 "垂直平面的退磁" 有效场。因此有效场是与 $\boldsymbol{m}$ 的取向有关的。

5.2 LLG 方程的数值计算 [9]

为了数值解 LLG 方程 (5.6)，需要将它写成分量的形式：

$$\begin{cases} (1+\alpha^2)\dfrac{\mathrm{d}m_x}{\mathrm{d}\tau} = -m_y m_z h_z - \alpha\left(-m_x m_y^2 h_x - m_x m_z^2 h_x + m_x m_z^2 h_z\right) \\ \qquad\qquad -a_{\mathrm{JH}}\left[m_x m_y n_y + m_x m_z n_z - (m_y^2 + m_z^2)\,n_x\right] + \alpha a_{\mathrm{JH}}(m_y n_z - m_z n_y), \\ (1+\alpha^2)\dfrac{\mathrm{d}m_y}{\mathrm{d}\tau} = m_x m_z h_z - m_x m_z h_x - \alpha\left(m_y m_x^2 h_x + m_y m_z^2 h_z\right) \\ \qquad\qquad -a_{\mathrm{JH}}\left[m_y m_z n_z + m_x m_y n_x - (m_x^2 + m_z^2)\,n_y\right] + \alpha a_{\mathrm{JH}}(m_z n_x - m_x n_z), \\ (1+\alpha^2)\dfrac{\mathrm{d}m_z}{\mathrm{d}\tau} = m_x m_y h_x - \alpha\left[m_z m_x^2 h_x - (m_x^2 + m_y^2)\,m_z h_z\right] \\ \qquad\qquad -a_{\mathrm{JH}}\left[m_x m_z n_x + m_z m_y n_y - (m_x^2 + m_y^2)\,n_z\right] + \alpha a_{\mathrm{JH}}(m_x n_y - m_y n_x). \end{cases} \tag{5.12}$$

证明：

$$\begin{aligned} \boldsymbol{m} \times h_{\mathrm{eff}} &= \begin{vmatrix} \boldsymbol{i} & \boldsymbol{j} & \boldsymbol{k} \\ m_x & m_y & m_z \\ h_x m_x & 0 & h_z m_z \end{vmatrix} \\ &= m_y m_z h_z \boldsymbol{i} + [m_x m_z h_x - m_x m_z h_z]\,\boldsymbol{j} - m_x m_y h_x \boldsymbol{k}. \end{aligned} \tag{G1}$$

$$\alpha \boldsymbol{m} \times (\boldsymbol{m} \times \boldsymbol{H}_{\text{eff}}) = \alpha \left[(\boldsymbol{m} \cdot \boldsymbol{H}_{\text{eff}}) \, \boldsymbol{m} - \boldsymbol{H}_{\text{eff}} \right],$$
$$(\boldsymbol{m} \cdot \boldsymbol{H}_{\text{eff}}) = m_x^2 h_x + m_z^2 h_z,$$
$$\boldsymbol{i}\text{term} = m_x^3 h_x + m_x m_z^2 h_z - m_x h_x = -m_x m_y^2 h_x - m_x m_z^2 h_x + m_x m_z^2 h_z, \quad \text{(G2)}$$
$$\boldsymbol{j}\text{term} = m_x^2 m_y h_x + m_y m_z^2 h_z,$$
$$\boldsymbol{k}\text{term} = m_x^2 m_z h_x + m_z^3 h_z - m_z h_z = m_x^2 m_z h_x - \left(m_x^2 + m_y^2 \right) m_z h_z.$$

$$a_{\text{J}} \boldsymbol{m} \times (\boldsymbol{m} \times \boldsymbol{n}_{\text{s}}) = a_{\text{J}} \left[(\boldsymbol{m} \cdot \boldsymbol{n}_{\text{s}}) \, \boldsymbol{m} - \boldsymbol{n}_{\text{s}} \right],$$
$$\boldsymbol{m} \cdot \boldsymbol{n}_{\text{s}} = m_x n_{\text{s}x} + m_y n_{\text{s}y} + m_z n_{\text{s}z},$$
$$\begin{aligned}\boldsymbol{i}\text{term} &= m_x^2 n_{\text{s}x} + m_x m_y n_{\text{s}y} + m_x m_z n_{\text{s}z} - n_{\text{s}x}\\ &= -\left(m_y^2 + m_z^2 \right) n_{\text{s}x} + m_x m_y n_{\text{s}y} + m_x m_z n_{\text{s}z},\\ \boldsymbol{j}\text{term} &= m_x m_y n_{\text{s}x} + m_y^2 n_{\text{s}y} + m_y m_z n_{\text{s}z} - n_{\text{s}y}\\ &= -\left(m_x^2 + m_z^2 \right) n_{\text{s}y} + m_x m_y n_{\text{s}x} + m_y m_z n_{\text{s}z},\\ \boldsymbol{k}\text{term} &= m_x m_z n_{\text{s}x} + m_z m_y n_{\text{s}y} + m_z^2 n_{\text{s}z} - n_{\text{s}z}\\ &= -\left(m_x^2 + m_y^2 \right) n_{\text{s}z} + m_x m_z n_{\text{s}x} + m_y m_z n_{\text{s}y}.\end{aligned} \quad \text{(G3)}$$

$$\begin{aligned}(\boldsymbol{m} \times \boldsymbol{n}_{\text{s}}) &= \begin{vmatrix} i & j & k \\ m_x & m_y & m_z \\ n_{\text{s}x} & n_{\text{s}y} & n_{\text{s}z} \end{vmatrix}\\ &= (m_y n_{\text{s}z} - m_z n_{\text{s}y}) \boldsymbol{i} + (m_z n_{\text{s}x} - m_x n_{\text{s}z}) \boldsymbol{j} + (m_x n_{\text{s}y} - m_y n_{\text{s}x}) \boldsymbol{k}. \quad \text{(G4)}\end{aligned}$$

5.3 计 算 结 果

5.3.1 自旋扭力效应

假定没有外磁场，只有内部的各向异性场（见式 (5.11)）。取 $h_z=0.5$，$h_x=0.02$，以及 $\alpha=0.02$，$a_{\text{JH}}=0.08$，$\boldsymbol{n}_{\text{s}}=(0.707,0,0.707)$。磁矩方向 $\boldsymbol{m}$ 随时间的变化如图 5.1 所示。

由图可见，磁矩分量 m_x 和 m_y 随时间做衰减的周期运动，也就是绕着 z 轴做进动。对磁矩 $\boldsymbol{m}$ 的阻尼力使得 m_x 和 m_y 减小，同时又有一个反作用力——磁扭力，使得 z 分量 m_z 逐渐减小，由正值变为负值，也就是实现了磁矩的反转。图 5.2 是在电流驱动的扭力作用下，磁矩 $\boldsymbol{m}$ 在自由空间中的轨道，参数与图 5.1 相同的。轨道的形状与图 4.9(d) 是一致的，说明自旋扭力超过了阻尼扭力，进动轨道就打开了，直到磁矩穿过了赤道，导致了磁化反向。

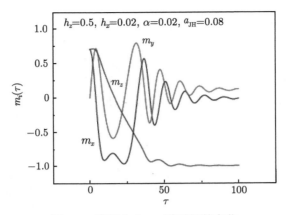

图 5.1   磁矩方向 m 随时间的变化

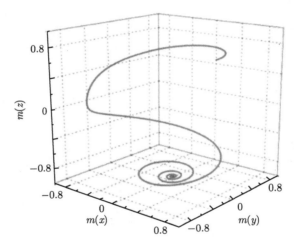

图 5.2   在电流驱动的扭力作用下，磁矩 m 在自由空间中的轨道

　　由图 5.1 可见，m_z 反向 (由正变负) 发生在 $\tau=16.7$。由式 (5.8)，临界时间是 $\tau_c=16.7$，$t_c=7.5$ns。扭力系数 $a_{JH}=0.08$，由式 (5.10)，如果取 $\eta=0.5$，$v=50$，$m_s=1$，则导致自旋方向的临界电流 $I_c=2.75$ mA。方程 (5.10) 给出了临界电流与自由层体积 (面积和厚度) 之间的定标关系。如果固定厚度，则临界电流 I_c 将与自由层的面积成正比，正如文献 [10] 中所示。

5.3.2　电流的效应

　　衡量磁存储器速度的一个重要量是磁矩反转的临界时间 τ_c，也就是 m_z 由正变为负的时间。由图 5.1 可见，在图示的条件下，$a_{JH}=0.08$，$\tau_c=16.7$。图 5.3 是在其他条件与图 5.1 相同的情况下，τ_c 与 a_{JH} 的关系。由式 (5.10) 可见，a_{JH} 与电流

i(mA) 成正比。由图 5.3 可见，磁矩反转时间随着驱动电流增加而减少，但当 a_{JH} 大于 0.08 时，τ_c 减小缓慢；另外，当电流小于 $a_{JH}=0.05$ 时，临界时间 τ_c 迅速增加。这个趋势与实验结果[11]相符。

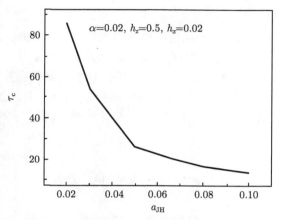

图 5.3 在其他条件与图 5.1 相同的情况下，τ_c 与 a_{JH} 的关系

实验上 Tomita 等在 CoFe/Pd 基的磁隧道结器件上研究了自旋转移开关性质[7]，包括自旋扭力效应和热辅助效应，实验时加了垂直外磁场 $H_{ext}=-70$mT。重复加电流脉冲 100 次，测量开关成功概率 P_{sw} 作为电流和脉冲宽度的函数，如图 5.4

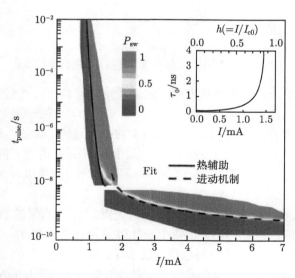

图 5.4 开关成功概率 P_{sw} 作为电流和脉冲宽度的函数，曲线上方部分为 $P_{sw}>0.5$，曲线下方为 $P_{sw}<0.5$。实线和虚线分别为热辅助和进动机制的理论预言

所示。P_{sw} 为成功开关时间除以 100。由图可见，当电流增加时，脉冲宽度减小，也就是磁矩反转时间缩短。这种趋势与图 5.3 相符。自旋扭力开关的时间为 ns (10^{-9}) 量级，而热辅助开关的时间约为 µs (10^{-6}) 量级。

5.3.3　局域各向异性场的效应

在以上的计算中已经假定自由层中的易磁轴在 z 方向，也就是在垂直方向。现在考虑易磁轴在平行 (x) 方向时对自旋反转的效应。以前取 $h_z=0.5$，$h_x=0.02$，现在取 $h_x=0.5$，$h_z=0.02$。其他参数与图 5.1 相同，计算得到的磁矩方向 m 随时间的变化如图 5.5 所示。由图可见，其中的曲线与图 5.1 相同，只不过 m_z 与 m_x 交换了，也就是在电流作用下，m_x 发生了反转。反转的临界时间 τ_c 与电流 a_{JH} 的关系也与图 5.3 相同。

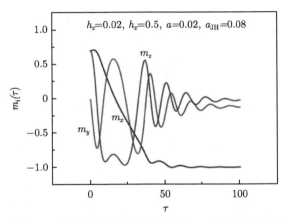

图 5.5　平行易磁方向下磁矩方向 m 随时间的变化

实验中发现易磁方向为垂直方向的磁隧道结具有其他的一些优点 [8]。Ikeda 等制造了一个垂直易磁方向的 Ta/CoFeB/MgO/CoFeB/Ta 磁隧道结 (MTJ)，比较了平行易磁方向和垂直易磁方向的两个 MTJ 的磁化曲线，如图 5.6 所示，其中 (a) 是易磁方向在平行方向，样品厚度 $t_{CoFeB}=2.0$nm，(b) 是易磁方向在垂直方向，样品厚度 $t_{CoFeB}=1.3$nm。由图可见，这两条曲线除了方向交换以外基本是相同的，类似于图 5.1 和图 5.5。

但是垂直易磁方向的 MTJ 具有其他的优点：① 自由层的热稳定性因子超过 40，使得存储时间超过 10 年；② 两个磁化方向转化的势垒小，因此开关电流小；③ 具有高的隧穿磁阻比。实验得到垂直的 MTJ 具有高达 120% 的隧穿磁阻比，在器件直径小到 40nm 时仍有高的稳定性，以及低的开关电流 49µA。

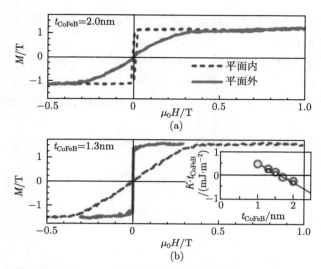

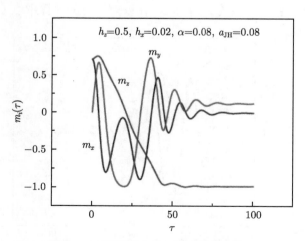

图 5.6 平行易磁方向 (a) 和垂直易磁方向 (b) 的两个 MTJ 的磁化曲线

5.3.4 阻尼因子 α 的效应

正如 5.2 节中所说,对磁矩 m 的阻尼力使得 m_x 和 m_y 减小,同时又有一个反作用力 —— 磁扭力,使得 z 分量 m_z 逐渐减小,由正值变为负值,也就是实现了磁矩的反转,所以阻尼在磁矩反转中起重要作用。但另一方面,阻尼减小了扭力,增加了磁化反转的电流和时间。

图 5.7 是磁矩方向 m 随时间的变化,参数基本与图 5.1 相同,但阻尼因子 α

图 5.7 磁矩方向 m 随时间的变化

由 0.02 增加到 0.08。由图 5.7 可见，m 随时间的变化基本与图 4.1 相似，但反转时间 τ_c 由 16.7 增加到 20.7。

　　图 5.8 是在不同的电流下，a_{JH}=0.05 和 0.10 下，τ_c 随 α 的变化。由图可见，在大电流 a_{JH}=0.10 下，α 对 τ_c 的影响比较小；而在小电流 a_{JH}=0.05 下，α 增大，明显地使 τ_c 增大，即由 23 增加到 63，说明大电流对阻尼因子的影响具有一定的鲁棒型。

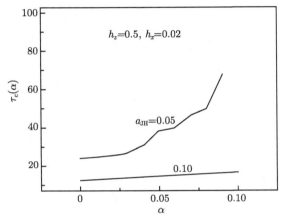

图 5.8　在不同的电流，a_{JH}=0.05 和 0.10 下，τ_c 随 α 的变化

5.3.5　固定层中磁化方向 n_s 的效应

　　在 LLG 方程 (5.3) 中 n_s 是固定层中磁化方向的单位矢量，为确定起见，假定 n_s 在 x-z 平面内，它与 z 轴的夹角为 ω。在以前所有的计算中取 ω=0.25π。图 5.9

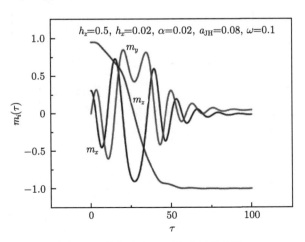

图 5.9　磁矩方向 m 随时间的变化

是磁矩方向 m 随时间的变化，参数与图 5.1 相同，除了由 $\omega=0.25\pi$ 改变为 $\omega=0.1\pi$，同时 m 的初始值也相应地改变为 $m_0=(0.309,0,0.9511)$。由图可见，磁矩反转的临界时间 τ_c 由原来的 16.7 增加到 26.7，这是因为原来的 m_z 初始值为 0.707，而现在为 0.951，增加了反转时间。

不同 ω 下的磁矩反转临界时间见表 5.1。由表可见，当 $\omega<0.25\pi$ 时 τ_c 增加；当 $\omega>0.25\pi$ 时 τ_c 基本不变，扭力比较容易地使磁矩反转。

表 5.1　不同 ω 下的磁矩反转临界时间 τ_c

ω	0.1	0.2	0.25	0.3	0.4
τ_c	26.7	18.3	16.7	15.6	16.7

5.4　小　　结

利用带有 SST 扭力项的 LLG 方程研究了 FM1/N/FM2 结构中的磁化动力学。首先将 LLG 方程变为无量纲形式，其中时间单位是 ns 的量级，无量纲的扭力项系数 a_{JH} 包含了电流、样品体积、自由层饱和磁化和电流中自旋极化度的定标关系。当电流大于一确定值时，临界时间 τ_c 减小变慢。自旋反转的临界时间 τ_c 作为 a_{JH} 的函数对垂直和平行易磁轴是相同的。τ_c 随阻尼因子 α 的增大而增大，但对不同的电流 a_{JH} 增大速度不同。大电流下 α 的影响较小。另一方面，小电流下 τ_c 随 α 增大而明显增大。固定层中磁化的方向影响临界时间 τ_c，当磁化与 z 轴的夹角由 0.1π 改变到 0.3π 时，τ_c 由 26.7 减小至 15.6。

参 考 文 献

[1] Slonczewski J C. J. Magn. Magn. Mater., 1996, 159: L1.

[2] Berger L. Phys. Rev. B, 199, 54: 9353.

[3] Diao Z T, Li Z J, Wang S Y, et al. J. Phys. C, 2007, 19: 165209.

[4] Safeer C K, Ju'e E, Lopez A, et al. Nat. Nanotechnol., 2016, 11: 143.

[5] Zhang X L, Wang C J, Liu Y W, et al. Sci. Rep., 2016, 6: 18719.

[6] Chiba D, Sato Y, Kita T, et al. Phys. Rev. Lett., 2004, 93: 216602.

[7] Tomita H, Miwa S, Nozaki T, et al. Appl. Phys. Lett., 2013, 102: 042409.

[8] Ikeda S, Miura K, Yamamoto H, et al. Nat. Mater., 2010, 9: 721.

[9] Wen H Y, Xia J B. Chin. Phys. B, 2017, 26: 047501.

[10] Sato H, Enobio E C I, Yamanouchi M, et al. Appl. Phys. Lett., 2014, 105: 062403.

[11] Tomita H, Miwa S, Nozaki T, et al. Appl. Phys. Lett., 2013, 102: 042409.

第6章 电场驱动的磁化开关和动力学

自旋扭力引起的磁化开关效应预期在磁储存器中将得到广泛的应用。但第 5 章介绍的电流驱动仍然功率较大，一个革新的方法是只利用电压来控制磁化的方向和动力学。

这个效应首先由 Weisheit 等在一个超薄的 3d 过渡铁磁金属 FePt 薄膜上，用电压控制磁各向异性的方法实现了 [1]。因为 3d 过渡金属 Fe、Co、Ni 以及它们的合金的居里温度 T_C 都高于室温，所以有可能通过加电场改变它们的磁性质，如磁化、磁晶各向异性等。但是电场感应的表面电荷将屏蔽电场，使电场只能穿透到几个原子的量级，因此期望电场效应只能在纳米系统中产生。利用液体电极在金属表面产生强偶极电场，材料取 L1$_0$ 结构的 FePt 和 FePd 合金超薄膜，它们的居里温度为 750K，饱和磁化为 1.4T，磁晶各向异性系数 K_U=6.6MJ/m^3(FePt)，1.8MJ/m^3(FePd)，并且具有高的矫顽磁场。

FePt 样品的厚度为 2nm，易磁轴垂直于样品表面。沿着易磁轴方向测量在不同的外加电压 U 下的磁滞回线，得到两个厚度样品的矫顽场、Kerr 旋转角的相对变化 δH_C 和 $\delta\theta_K$ 作为外加电压的函数，如图 6.1 所示 [1]。由图可见，对 2nm 厚的样品，电压由 −0.4V 变化到 −1.0V 时矫顽磁场分别变化 −4.5% 和 +1%，分别对 FePt 和 FePd。这种磁性质随外电场的变化归之于电场下不成对 d 电子数的变化。

以上的结果是利用液体电极产生电场。两年后 Maruyama 等成功地用固体电极产生电场，证明了相对小的电场 (<100mV/nm) 能在一个 bcc Fe(001)/MgO(001) 结中引起磁各向异性的大的改变 (~40%)[2]。实验用样品是厚度为 0.48nm 的 Fe 薄膜，夹在 MgO 和 Au 薄膜之间。外加磁场沿垂直方向，电场由 MgO 层指向 Au 层。当外加电压由 +200V 减小到 −200V 时，由磁光 Kerr 椭圆率测量得到的磁滞回线发生了较大的变化，如图 6.2 所示 [2]，由 B 变为 A。左边插图显示了 A 和 B 点的磁化方向。

薄膜每单位体积的垂直磁各向异性能量为

$$E_{\text{prep}}d = \left(-\frac{1}{2}\mu_0 M_s^2 + K_u \right) d + K_{S,\text{MgO/Fe}} + K_{S,\text{Fe/Au}} + \Delta K_S(V). \tag{6.1}$$

其中，d 是薄膜厚度；$\Delta K_S(V)$ 是加电压以后引起的表面各向异性能的改变。当外加电压由 +200V 减小到 −200V 时，磁各向异性能 $E_{\text{prep}}d$ 由 −31.3 减小到

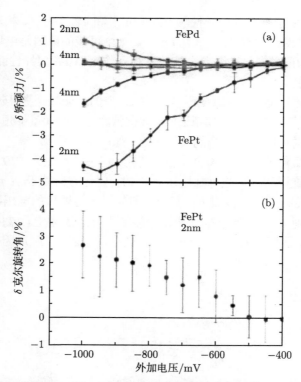

图 6.1 (a) 给定厚度的 FePt 和 FePd 薄膜的矫顽磁场随外加电压的变化；(b) 2nm 厚的
FePt 薄膜的 Kerr 旋转角随外加电压的变化

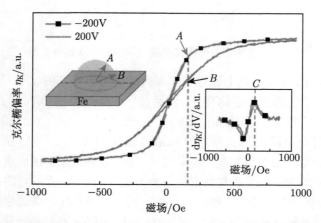

图 6.2 当外加电压由 +200V 减小到 −200V 时磁滞回线的变化

$-13.7\text{kJ}\cdot\text{m}^{-3}$, 对应于垂直各向异性场 $22\text{kA}\cdot\text{m}^{-1}$ 和 $12\text{kA}\cdot\text{m}^{-1}$, 相对变化达 39%, 由式 (5.1) 还可以得出 $\Delta K_S(V)=8.4\mu\text{J}\cdot\text{m}^{-2}$. 一个可能的原因是电场影响了 Fe 层电子的填充. 因为磁各向异性源自自旋轨道相互作用, 磁各向异性能够通过这个效应在界面处被调制.

在垂直于薄膜平面的方向上加一个 $8\text{kA}\cdot\text{m}^{-1}$ 的外磁场, 使得磁化向垂直方向倾斜. 在这个条件下 LLG 方程模拟证明, 如果脉冲上升时间足够短 (小于 1ns), 则动力学进动和开关可能到另一个能量稳定点, 如图 6.3 所示.

稳态的电压虽然能产生磁各向异性的变化, 但不能产生开关效应. 图 6.3 是电场开关的宏观自旋模型[2], 当外加电压为 0 时, 磁化方向处于 A 点; (正) 电压慢慢加上时, 磁化转到 B 点, 没有开关效应. 但如果加足够短的电压脉冲, 则磁化发生进动, 最后转到 C 点. 当电压脉冲以缓慢的下降速度撤走, 磁化就转到 D 点, 发生了开关效应. 计算中加了一个 $8\text{kA}\cdot\text{m}^{-1}$ 的小垂直磁场, 阻尼因子取 $\alpha=0.025$.

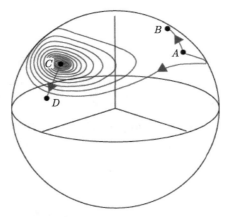

图 6.3　电场下铁磁薄膜中磁化矢量的宏观自旋模型

2012 年 Shiota 等在实验上证实了宏观自旋模型所预言的结果[3], 首先观察到由外加脉冲电压产生的相干磁化开关. 样品是一个 $Fe_{80}Co_{20}(0.7\text{nm})/\text{MgO}(1.5\text{nm})/\text{Fe}(10\text{nm})$ 隧道结, 面积为 $800\text{nm}\times200\text{nm}$, 长边平行于 FeCo[100] 轴. 在上下层自旋平行 (P) 态时电阻面积乘积为 $56\Omega\cdot\mu\text{m}^2$, 磁阻为 16%. FeCo 层是自由层, 它的磁各向异性能由外加电压控制, 较厚的 Fe 层是磁固定层. 正电压是由固定层指向自由层. 超薄的 FeCo 层具有垂直磁各向异性 (PMA), 所以它的磁化很容易被 1500 Oe 的小垂直磁场所饱和, 如图 6.4(a)[3] 所示. 图 6.4(a) 是磁阻随沿垂直方向外磁场的变化, 由图可见, 当外场达到 2000Oe 时电阻就有明显变化. 图 6.4(b) 是加电压后归一化的电阻曲线的变化, 表明在 $\pm400\text{mV}$ 电压的变化能引起 400Oe 饱和磁场的变化. 由图可见, 在负电压下 (-400mV) 垂直磁化减小, 使得电阻减小.

改恒定电场为脉冲电场，就能使磁化发生开关效应。文献 [3] 中先用 LLG 方程进行了宏观自旋模型的模拟。取有效场

$$\boldsymbol{H}_{\mathrm{eff}} = -\nabla_{\boldsymbol{m}}\left[\frac{1}{2}\left(H_{\mathrm{c}}m_y^2 + H_{\mathrm{s,perp}}\left(V\right)m_z^2\right) - \boldsymbol{m}\cdot\left(\boldsymbol{H}_{\mathrm{ext}} + \boldsymbol{H}_{\mathrm{dipole}}\right)\right], \qquad (6.2)$$

其中取平面内的矫顽场 H_{c}=25Oe，平面内的偶极场 H_{dipole}=75Oe。为了考虑外加电压的效应，在零电场时取垂直各向异性场 $H_{\mathrm{s,prep}}$=1400Oe；在脉冲电场 -1.0V·nm^{-1}下取 600Oe。外场 $\boldsymbol{H}_{\mathrm{ext}}$ 方向偏离垂直方向 6°，大小为 700Oe。外场是脉冲的，脉冲周期为 0.55ns，是为了使初始磁化又回到上半平面。

图 6.5 是开关事件的实验结果：(a) 脉冲电压 E_{pulse}=-1.0V·nm^{-1}；(b) 脉冲电压 E_{pulse}=$+1.0$V·nm^{-1}。由图可见，当外加电压为负值时，有开关效应；而当外加电压为正值时没有开关效应。这与 LLG 方程的模拟结果是一致的。

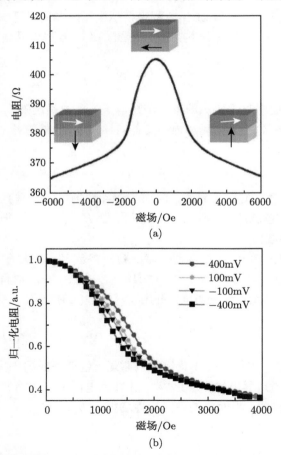

图 6.4　(a) 磁阻随沿垂直方向外磁场的变化；(b) 加电压后归一化的磁阻曲线的变化

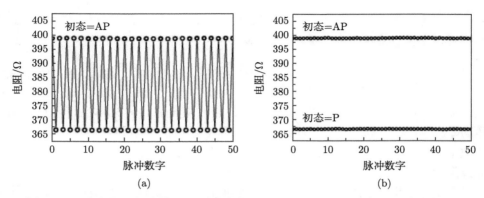

图 6.5 开关事件的实验结果: (a) 脉冲电压 $E_{\text{pulse}}=-1.0\text{V}\cdot\text{nm}^{-1}$; (b) 脉冲电压 $E_{\text{pulse}}=+1.0\text{V}\cdot\text{nm}^{-1}$

本章用宏观自旋模型和 LLG 方程来模拟电压控制的磁开关效应，以及研究各种参数的影响。模拟的实验条件参照文献 [3]。LLG 方程可以写为

$$\frac{1}{\gamma}\frac{\mathrm{d}\boldsymbol{m}}{\mathrm{d}t} = -\boldsymbol{m} \times \boldsymbol{H}_{\text{eff}} + \left(\frac{\alpha}{\gamma}\right)\boldsymbol{m} \times \frac{\mathrm{d}\boldsymbol{m}}{\mathrm{d}t}. \tag{6.3}$$

其中, $\boldsymbol{m}$ 是自由层中宏观磁矩的单位矢量, $\gamma \approx 2\mu_{\text{B}}/\hbar$ 是旋磁比, α 是 LLG 阻尼参数, H_{eff} 是总磁场, 包括外磁场和内部的各向异性场。取外磁场 $\boldsymbol{H}_0 = (H_{0x}, 0, H_{0z})$, 其中

$$H_{0x} = H_0 \sin\theta_{\text{t}}, \quad H_{0z} = H_0 \cos\theta_{\text{t}} \tag{6.4}$$

θ_{t} 是外磁场对垂直方向的偏离角, 内部各向异性场主要在垂直方向, 在零电场时取 $H_{1z}=1400\text{Oe}$, 在脉冲电场 $-1.0\text{V}\cdot\text{nm}^{-1}$ 下取 $H_{1z}=600\text{Oe}$。平面内的各向异性场 $H_{1x}=25\text{Oe}$。外场取为 $H_{ex}=700\text{Oe}$。

与第 5 章一样, 在解 LLG 方程时取无量纲参数 [4]: 令磁场单位 $H_{\text{u}}=10^4\text{A/m}\sim$ $1.257\times10^{-2}\text{T}$, $\gamma H_{\text{u}}=176\text{GHz/T}\times1.257\times10^{-2}\text{T}=2.21\text{GHz}$, 时间单位 $\tau_0=1/\gamma H_{\text{u}}=$ 0.45ns, $t=\tau\tau_0$。τ 是无量纲的时间, 利用 τ, 方程 (6.3) 变为

$$\left(1+\alpha^2\right)\frac{\mathrm{d}\boldsymbol{m}}{\mathrm{d}\tau} = -\boldsymbol{m} \times \boldsymbol{h}_{\text{eff}} - \alpha\boldsymbol{m} \times \left(\boldsymbol{m} \times \boldsymbol{h}_{\text{eff}}\right), \tag{6.5}$$

其中, h_{eff} 是以 H_{u} 为单位的无量纲有效磁场, 包括外磁场 $h_0=5.5704$, 内各向异性场 $h_{1z}=-11.1409$ (零电场), -4.7747 (脉冲负电压下)。注意, 外场总是与内部垂直各向异性场反向的。平面内的各向异性场很小 $h_{1x}=0.05$。

6.1 电压控制的开关效应

图 6.6 是磁矩 $\boldsymbol{m}$ 分量在自由空间中运动，作为时间 τ 的函数，参数取为 $H_{0z}=5.54$, $H_{0x}=0.5821$, $\alpha=0.01$；(a) 是开 (on) 态，取 $H_{1z}=-4.7747$；(b) 是关 (off) 态，取 $H_{1z}=-11.14$。磁矩分量的初始值取为 $\boldsymbol{m}=(0.866, 0, 0.5)$。由图 6.6(a) 可见，磁矩分量 m_x 和 m_y 绕着 z 轴做周期的进动，而 z 分量 m_z 基本保持一个常数。由图 6.6(b) 可见，磁矩的 3 个分量保持在它们的初始值附近，没有任何运动。

图 6.6(b) 关态的物理原因是 LLG 方程 (6.5) 描述的是磁矩 $\boldsymbol{m}$ 在沿 z 方向的磁场下的一个有阻尼的回旋运动方程，在 z 方向的总有效磁场为外磁场和内磁场之和

$$H_{\text{total}} = H_0 - H_1 m_z, \tag{6.6}$$

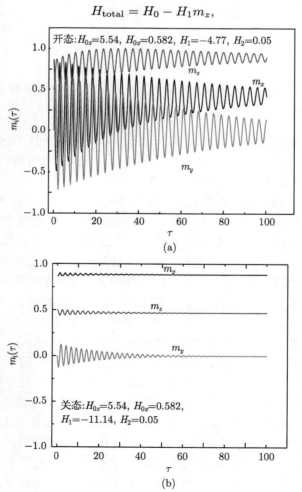

(a)

(b)

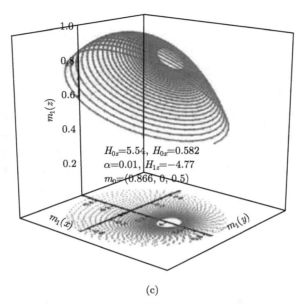

(c)

图 6.6　(a) 开态下磁矩分量 m_i 作为时间 τ 的函数；(b) 关态下磁矩分量 m_i 作为时间 τ 的
函数；(c) 开态时磁矩运动的三维轨道

　　外磁场总是与内磁场方向相反。在关态 $H_0=700\mathrm{Oe}$，$H_1=1400\mathrm{Oe}$，如果 $m_z=0.5$，
则 $H_{\mathrm{total}}\approx0$；而在开态 $H_1=600\mathrm{Oe}$，$H_{\mathrm{total}}\approx400\mathrm{Oe}$。在关态的时候，$z$ 方向的总有效
磁场几乎为 0，因此没有任何运动。

　　由图 6.6(a) 可见，在前面给出的条件下磁矩分量 m_x 和 m_y 在 x-y 平面内做
圆周运动，函数为 $\cos\omega\tau$ 和 $\sin\omega\tau$，而 m_z 在它的平衡值附近做小的振荡。由图可
见，m_x 和 m_y 的振荡周期随着时间 τ 的增大而逐渐增大。在头几个周期，得到周
期 $\tau=2.6$，$\tau_0=1.04\mathrm{ns}$。在半个周期 0.52ns 内，磁矩 m_x 和 m_y 就转到它的反方向，
如文献 [3] 中 Fig.2 所示。因此，如果取电压脉冲宽度为半个周期 0.52ns，就起到电
压控制自旋的目的。在文献 [3] 中半个周期为 0.4ns，我们的计算与他们基本相符。
如果磁矩转到它的反方向，电压又回到关态电压 0V (或者 +1.0V)，则磁矩将保持
这个状态，一直到下一个电压脉冲。这就是电压控制磁开关的基本原理。图 6.6(c)
是开态时磁矩运动的三维轨道。由图可见，磁矩总是在正 z 的半空间中做回旋运
动。如果我们取电压脉冲宽度为磁矩振荡周期的一半，则磁矩将停留在原来位置的
相反位置上，这完成了一次开关。以后如果相同宽度的电压脉冲再加上，则磁矩又
将旋转 180°，回到原来位置，如图 6.5(a) 所示，所以开态和关态由电压脉冲控制。

　　由图 6.6(a) 可见，由于阻尼因子 α，m_x 和 m_y 的振幅随时间逐渐减小。特别
当 $\tau>30.4(13.7\mathrm{ns})$ m_x 变成正的，磁矩的轨道总是在正 x 的半平面内而不改变符
号，因此不出现开关；还发现振荡周期由 2.9 增加到 3.6 时时间 τ 逐渐从 3.4 增加

到 22.6。

6.2　初始磁化的效应

由式 (6.6) 可见, 为了达到最佳的关态条件, 取初始的 $m_z=0.5$ 是最好的, 因为这时 $H_{\text{total}}\approx 0$。本节考虑, 如果初态 m_z 不等于 0.5, 有什么影响。取初始的磁矩分量 $\boldsymbol{m}_0=(0.714,0,0.7)$, 其他参数与图 6.6 相同, 计算的结果如图 6.7 所示。

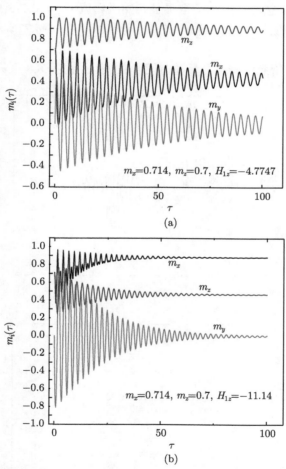

图 6.7　(a) 开态下磁矩分量 m_i 作为时间 τ 的函数; (b) 关态下磁矩分量 m_i 作为时间 τ 的函数

由图 6.7 可见, 这时开关效应不很明显, 特别是关态条件下 (图 6.7(b)) 磁矩还有较大的振荡, 注意横坐标一直延伸到 $\tau=100$, 因此初始的磁矩值对开关效应有较大的影响。但由图 6.7(b) 可见，在关态的条件下，外加电压等于 0V·nm^{-1}，随着时间的增长，磁矩分量逐渐地趋于理想的初始值 $\boldsymbol{m}=(0.884, 0, 0.467)$，所以在实验条件下，可以先加关态条件，得到最佳初始磁矩，然后再加脉冲电压产生开关效应。

6.3 外加磁场的效应

为了考虑外加磁场的效应，将外磁场由 $5.57 \times 10^4 \text{A·m}^{-1}(700\text{Oe})$ 增加到 $7.0 \times 10^4 \text{A·m}^{-1}(880\text{Oe})$。按照式 (6.6)，取最佳初始磁化值 $\boldsymbol{m}_0=(0.778, 0, 0.628)$，其他参数与图 6.6 相同：$H_{0z}=6.9615$，$H_{0x}=0.7315$，$\alpha=0.01$，$H_{1z}=-4.7747$ (开态) 和 -11.14 (关态)，$H_{1x}=0.05$。

图 6.8 是计算得到的磁化分量随时间 τ 的变化。由图 6.8 可见，虽然外加磁场

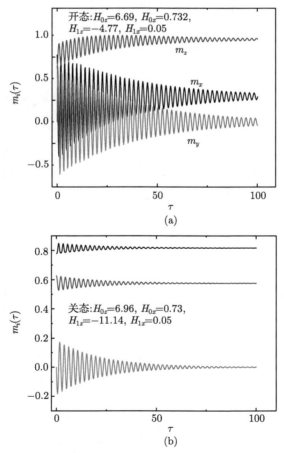

图 6.8 (a) 开态下磁矩分量随时间 τ 的变化；(b) 关态下磁矩分量随时间 τ 的变化

增加了，但仍有开关效应。但由图 6.8(a) 可见，虽然磁矩分量 m_x 和 m_y 仍在 x-y 平面内做周期运动，m_x 的振荡偏离了 $m_x=0$ 轴，当 $\tau>25$ 时 m_x 变为大于 0，这时 m_x 和 m_y 不能绕原点振荡，开关效应消失。当然，$\tau<25$ 时仍然有开关效应。

图 6.9 显示了在较小外磁场下 (500 Oe) 磁矩分量随时间 τ 的变化，输入参量为：$H_{0z}=3.978$，$H_{0x}=0.418$，$\alpha=0.01$，$H_{1z}=-4.7747$ (开态) 和 -11.14 (关态)，$H_{1x}=0.05$。按照式 (6.6)，初始的磁矩分量取为 $\boldsymbol{m}_0=(0.933,0,0.359)$。

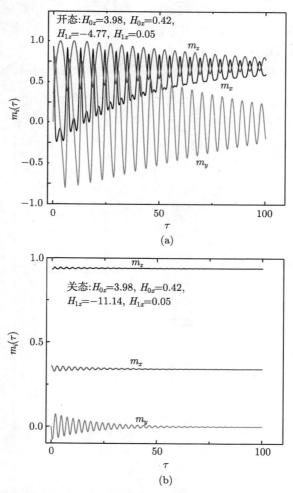

图 6.9　(a) 开态条件下磁矩分量随时间 τ 的变化，外磁场 $H_0=4$；(b) 关态条件下磁矩分量随时间 τ 的变化，外磁场 $H_0=4$

由图 6.9 可见，在较小外磁场下，仍有磁开关效应，但振荡周期比较大，并且 m_x 在较小 τ 时变成正的，当 $\tau>14.6$ 时，$m_x>0$。对外磁场 $H_0=7,5.6,4$，平均

振荡周期分别为 $\tau=2.3, 3.6, 5.0$，与外磁场成反比；并且分别在 $\tau>14.6, 30.4$ 和 26
时，$m_x>0$。由此看来，只要外磁场与内部场相当，它可以有一定的变化范围。通过
外磁场可以调节振荡周期，也就是脉冲宽度。

6.4　外磁场倾斜角的效应

　　在文献 [2] 中取外磁场垂直于磁薄膜平面，在文献 [3] 中取磁场方向偏离垂直
轴 6°，而在文献 [4] 中磁场偏离垂直方向 0° 和 35°。在以上的计算中，取倾斜角为
6°，本节将研究倾斜角 θ_t 的效应。

　　图 6.10 是磁矩分量随时间 τ 的变化，参量与图 6.6 完全相同：$H_{0z}=5.57$，$H_{0x}=0$，

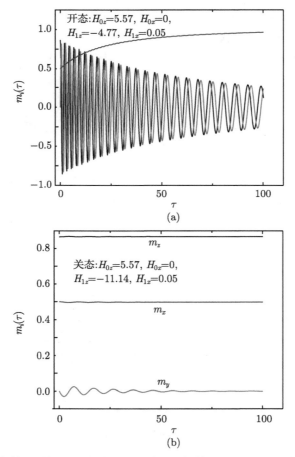

图 6.10　(a) 开态条件下磁矩分量随时间 τ 的变化，倾斜角 $\theta_t=0°$；(b) 关态条件下磁矩分量
随时间 τ 的变化，倾斜角 $\theta_t=0°$

$\alpha=0.01$, $H_{1z}=-4.7747$ (开态) 和 -11.14 (关态), $H_{1x}=0.05$, 只是倾斜角由 6° 改为 0°。初始磁矩的分量取 $\boldsymbol{m}_0=(0.866, 0, 0.5)$。

由图 6.10(a) 可见, 在开态条件下, 磁化分量 m_x 和 m_y 绕 z 轴做周期的进动, 而 m_z 则基本保持不变; 而在关态条件下, 磁矩 3 个分量保持它们的初始值。比较图 6.10 和图 6.6, 可以发现倾斜角 $\theta_t=0°$ 优于 $\theta_t=6°$, 对前者 m_x 和 m_y 振荡是完全相同的, 而对后者, 振荡是不对称的。特别是当 $\tau>30.4$ 时, m_x 变成正的 (图 6.6(a)), 这时 m_x 和 m_y 的进动不绕着原点, 偏向一边, 没有开关效应; 而对前者, $\theta_t=0°$, 不发生这种现象, 仅仅振幅由于阻尼而减小。

我们增加磁场的倾斜角到 $\theta_t=10°$, 其他参数不变, 计算结果示于图 6.11。由

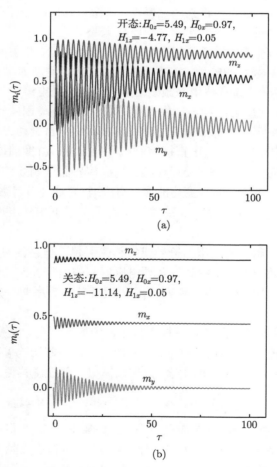

图 6.11　(a) 开态条件下磁矩分量随时间 τ 的变化, 倾斜角 $\theta_t=10°$; (b) 关态条件下磁矩分量随时间 τ 的变化, 倾斜角 $\theta_t=10°$

图 6.11(a) 可见，虽然磁矩分量 m_x 和 m_y 仍然绕 z 轴做进动，但当 $\tau > 4$ 磁矩分量 m_x 变为大于 0 时，将没有开关效应。所以按照我们的计算结果，取 $\theta_t = 0°$ 是最佳的，在文献 [3] 中取 $\theta_t = 6°$ 可能有其他的考虑，如调节 m_z 的初始值以满足式 (6.6)。

6.5　电场引起的铁磁共振

实验发现直接利用电场的铁磁共振能提供一个低功率的自旋电子学器件 [4]。利用在室温下一个超薄的几个原子单层的 FeCo 层电压控制磁的各向异性，就能提供一个低功率、高度局域和相干的手段来操控电子自旋动力学。磁矩的相干共振控制，铁磁共振 (FMR) 可用作将来的磁器件，如微波辅助的磁化开关、磁子学的微波激发、产生纯自旋流等，因此吸引了广泛的兴趣。

在一个恒定外 (垂直) 磁场下加一个横向射频磁场。如果射频场的频率调到自旋的进动频率，则射频场的能量被有效吸收，稳定的进动动力学被激发。外加电流产生的射频奥斯特磁场通常被用来激发磁矩运动，但是电流产生的磁场是空间发散的，难以在 1nm 尺度的面积内产生高度局域的射频场，因此直接的电场控制引起了重视，由此得到了一个最低功率、高度局域和相干自旋动力学的调控方法。

一个最有希望的方法是电压直接控制磁各向异性。就像前面几节用电压来控制磁矩的开关，其物理根源是在超薄铁磁/绝缘体界面调制 3d 电子密度或自旋密度。3d 轨道中电子占据数的相对变化能通过自旋–轨道耦合引起磁各向异性。Nozaki 等成功地在几个原子单层的 FeCo 薄膜上实现了室温下用外电压来直接控制磁各向异性 [4]。

在文献 [3] 中控制脉冲电压的符号或大小就引起了垂直各向异性场的变化，导致了磁矩的反向。在文献 [4] 中利用射频电压调制的内部各向异性场 (主要是垂直方向)，实现了磁矩的进动共振 (铁磁共振)，发现共振频率与外加磁场成正比，如图 6.12 所示。

这种微纳铁磁体中的铁磁共振与通常磁体中的不一样，交变场的能量由交变电压产生的交变磁各向异性场提供的，它和恒定磁场一起影响着磁矩的运动。物理图像并不是很清楚，为此我们用 LLG 方程来模拟这种铁磁共振。

$$(1 + \alpha^2) \frac{\mathrm{d}\boldsymbol{m}}{\mathrm{d}\tau} = -\boldsymbol{m} \times \boldsymbol{H}_{\mathrm{eff}} - \alpha \boldsymbol{m} \times (\boldsymbol{m} \times \boldsymbol{H}_{\mathrm{eff}}), \tag{6.7}$$

其中，$\boldsymbol{m}$ 是自由层中宏观磁矩的单位矢量；α 是唯象的 LLG 阻尼常数；$\boldsymbol{H}_{\mathrm{eff}}$ 是有效的总磁场，包括外磁场 $\boldsymbol{H}_0$ 和内各向异性场 $\boldsymbol{H}_1$。类似于文献 [4]，我们取外磁场 $\boldsymbol{H}_0 = (H_{0x}, 0, H_{0z})$，其中

$$H_{0x} = H_0 \sin \theta_{\mathrm{t}}, \quad H_{0z} = H_0 \cos \theta_{\mathrm{t}}. \tag{6.8}$$

θ_t 是外场相当于垂直方向的倾斜角。内部各向异性磁场为

$$\boldsymbol{H}_1 = (H_{1x}m_x, H_{1y}m_y, H_{1z}m_z),\tag{6.9}$$

其中射频电压引起的各向异性场的变化可以用有效的射频场 $H_{1z}(V_{\mathrm{RF}})$ 表示, 垂直于薄膜平面, 再外加一个恒定磁场, 就能激发铁磁共振。

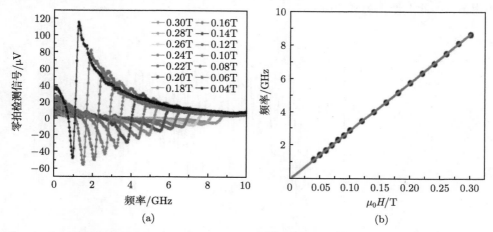

图 6.12 (a) 不同外磁场下零拍 (homodyne) 检测信号作为频率的函数; (b) 共振频率作为外加磁场的函数

1. 共振频率

图 6.13(a) 和 (b) 是自由层中磁矩 $\boldsymbol{m}$ 的 3 个分量随时间的变化, 参数取为: $H_{0z}=0.8192$, $H_{0x}=0.5736$, (也就是 $H_0=1$, $\theta_t=35°$) $\alpha=0.02$, $H_{1x} = H_{1y}=0.1$, 以及 $H_{1z}=1\times\cos(\omega\tau)$, ω 分别为 1 和 2。磁矩分量的初始值取为 (0.707, 0, 0.707)。由图 6.13 可见, 磁矩 $\boldsymbol{m}$ 的 3 个分量随时间周期性的振荡 (虽然是非正弦的), 其振荡周期 τ 分别为 2π 和 π, 对应于圆频率 $\omega\approx1$ 和 2。也就是磁矩 $\boldsymbol{m}$ 随着交变电场的频率 ω 而振荡, 与恒定磁场 $\boldsymbol{H}_0$ 的大小无关。

按照一般的铁磁共振理论, 铁磁共振频率为

$$f_r = \frac{\gamma H_0}{2\pi}.\tag{6.10}$$

图 6.13 所取的无量纲参数 $H_0=1$, 对应无量纲的频率 $\omega=1$, 因此图 6.13(a) 中振荡交变电场的频率等于铁磁共振频率, 因此两者是共振的。而在图 6.13(b) 中, 交变电场的频率为 $\omega=2$, 不同于铁磁共振的频率, 两者是非共振的。比较图 6.13(a) 和 (b), 可以看到, 非共振时的振幅比共振时小得多。在计算中外磁场相对于垂直轴有

一个倾斜角 35°, 这时共振频率可以由修正的 Kittel 公式表示 [4]:

$$f_\mathrm{r} = \frac{\gamma\mu_0}{2\pi}\sqrt{\left(H_\mathrm{ex} - H_\mathrm{d,eff}\sin^2\theta + H_\mathrm{d,in\text{-}plane}\right)\left(H_\mathrm{ex} + H_\mathrm{d,eff}\cos 2\theta\right)}, \tag{6.11}$$

其中, θ 是相对于平面的倾斜角; $H_\mathrm{d,eff}$ 和 $H_\mathrm{d,in\text{-}plane}$ 约为 4.5mT 和 1.5mT, 比 H_0 小得多, 因此近似地为式 (6.10)。

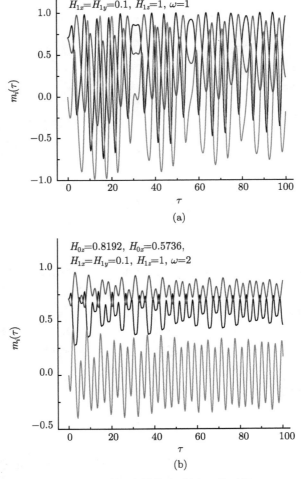

图 6.13　磁矩分量作为时间 τ 的函数

2. 磁矩不同初始值的效应

在前面电压控制磁矩开关的部分，我们看到磁矩的初始值对结果有较大的效应，最佳的初始值应满足式 (6.6)。下面研究初始磁矩对铁磁共振的效应，图 6.14(a) 和 (b) 是倾斜角分别为 35° 和 55° 的结果，其他参数都和图 6.13(a) 相同。比较这三张图，可以发现，结果基本相同，与磁矩初始值关系不大。这是可以理解的，因为在铁磁共振条件下，磁化是被外力–射频磁场驱动的，初始磁矩的影响是小的。

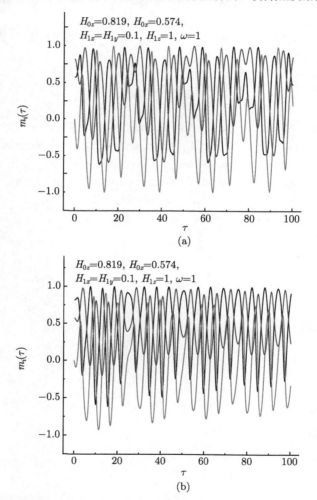

图 6.14 (a) 磁矩分量作为时间 τ 的函数，参数取为 $H_{0z}=0.819$, $H_{0x}=0.574$, $H_{1x} = H_{1y}=0.1$, $H_{1z}=1\times\cos\omega\tau$, $\omega=1$, $\boldsymbol{m}_0=(0.574, 0, 0.819)$；(b) 磁矩分量作为时间 τ 的函数，参数取为 $H_{0z}=0.819$, $H_{0x}=0.574$, $H_{1x} = H_{1y}=0.1$, $H_{1z}=1\times\cos\omega\tau$, $\omega=1$, $\boldsymbol{m}_0=(0.819, 0, 0.574)$

6.6 小　　结

　　我们用 LLG 方程研究电压控制的磁开关，获得了如下结果：

　　(1) 磁矩分量的初始值对电压控制的磁开关是关键的，它应该满足方程 (6.6)。但是在"关态"下，磁矩分量最后将接近于合适的初始值。

　　(2) 外磁场只影响磁矩的振荡周期，但它的大小必须与内磁场相当。如果外磁场太小，开关效应将消失。

　　(3) 外磁场对 z 轴的倾斜角 $\theta_t = 0$ 时，m_x 和 m_y 的进动以及开关效应最好。倾斜角越大，效果越差。

参 考 文 献

[1] Weisheit M, Fähler S, Marty A, et al. Science, 2007, 315: 349.

[2] Maruyama T, Shiota1 Y, Nozaki T, et al. Large voltage-induced magnetic anisotropy change in a few atomic layers of iron. Nature Nanotechnology, 2009, 4: 158.

[3] Shiota Y, Nozaki T, Bonell F, et al. Nature Materials, 2012, 11: 39.

[4] Nozaki T, Shiota Y, Miwa S, et al. Nature Phys., 2012, 8: 491.

[5] Wen H Y, Xia J B. Chinese Physics B, 2017, 26: 047401.

第7章 铁磁共振的动力学

铁磁共振已被用来研究铁磁材料的磁性质和磁化动力学，如 Landé g 因子、Gilbert 阻尼参数 α、磁各向异性性质等。假定外磁场 (典型值约为 1 T) 沿易磁轴方向加在铁磁体上，则磁矩绕着外磁场和各向异性场的复合场进动，进动频率约为 10GHz。如果再加一个交变磁场，它的频率等于进动频率，则就发生共振吸收，称为铁磁共振。

Beaujour 等研究了 $TaCu/Fe_{1-x}V_x(7.5nm)/TaCu$ 合金薄膜的铁磁共振 [1]，得到了 $x=0.19, 0.37, 0.52$ 时吸收曲线与外磁场的关系，交变场频率为 14GHz，如图 7.1 所示，得到了退磁场 $4\pi M_{eff}$、Landé g 因子和阻尼参数 α 等作为 V 含量 x 的函数。当 x 增加时，Landé g 因子从 $x=0$ 的 2.11 增加到 $x=0.6$ 的 2.17；阻尼因子从 $x=0$ 的 0.008 增加到 $x=0.5$ 的 0.015。薄膜显示了非平面的磁各向异性，各向异性常数 $K_\perp$ 从 $x=0$ 的 $3.4erg/cm^2$ 减小到 $x=0.66$ 的 $0.8erg/cm^2$。

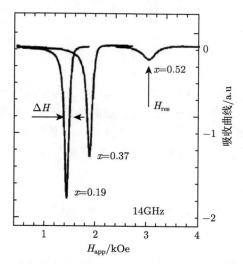

图 7.1 $Fe_{1-x}V_x$ 合金薄膜的铁磁共振，$x=0.19, 0.37, 0.52$ 时吸收曲线与外磁场的关系，交变场频率为 14GHz

Wu 等研究了 CoFe/PtMn/CoFe 多层膜的铁磁共振 [2]。实验中样品相对于磁场方向转动。从共振峰对旋转角的依赖关系得到薄膜的 g 因子和磁各向异性参数：$g=2.01$, $2K_A/M \sim 0.1T$, $4\pi M - 2K_U/M \sim 1.9T$。

　　Kakazei 等研究了 Si(111) 衬底上的超薄 Co/Ag 超晶格的铁磁共振 [3]，测量了样品平面与磁场夹角 0°~90° 的铁磁共振谱，观察到一个宽的共振峰。对 5×[Co(4Å)/Ag(4.5Å)] 超晶格样品，从共振场的角度关系得出：$g=2.07$, 各向异性场 $H_{\text{eff}}=7.83\text{kOe}$。

　　Ulban 等研究了单层和 2 层超薄 Fe 薄膜中的铁磁共振 [4]，他们发现单层 Fe 薄膜的共振线宽小于双层薄膜中具有同样厚度的 Fe 薄膜的线宽。附加的 FMR 线宽与薄膜厚度成反比，并且随微波频率的增加而线性增加。在经典极限下，自旋动力学可以用 Gilbert 运动方程描述：

$$\frac{1}{\gamma}\frac{\partial \boldsymbol{M}}{\partial t} = -[\boldsymbol{M} \times \boldsymbol{H}_{\text{eff}}] + \frac{G}{\gamma^2 M_{\text{s}}^2}\left[\boldsymbol{M} \times \frac{\partial \boldsymbol{M}}{\partial t}\right], \tag{7.1}$$

其中，$\boldsymbol{M}$ 是磁化强度；γ 是旋磁比；M_{s} 是饱和的磁化强度。方程 (7.1) 右边第一项是进动扭力项，第二项是 Gilbert 阻尼扭力。在小阻尼极限下，$G/(\gamma M_{\text{s}})\ll 1$, Gilbert 弛豫扭力与 Landau-Lifshitz 弛豫项 $-(G/\gamma M_{\text{s}}^2)[\boldsymbol{M} \times \boldsymbol{M} \times \boldsymbol{H}_{\text{eff}}]$ 是等价的。

　　在一个磁双层结构中总弛豫扭力贡献了一个铁磁共振的附加线宽 ΔH_{add}。这是由界面的 Gilbert 阻尼引起的，因此附加的 FMR 线宽应该与薄膜厚度成反比。这些结果说明了电子角动量在磁层之间的转移导致了附加的弛豫扭力。

　　本章将用磁化动力学研究铁磁共振。

7.1　LLG 方程

　　LLG 方程已经成功地用于研究由电流驱动的扭力引起的磁矩反向。在那种情况下，自旋的角动量和能量是守恒的。在铁磁共振情况下，能量是不守恒的，特别在共振时磁矩迅速增加。LLG 方程如式 (7.2) 所示，其中 $\boldsymbol{m}$ 是宏观磁矩的单位矢量，因此 $m^2=1$。在研究铁磁共振时，假定在加交变微波场之前，$m^2=1$，在加交变场之后，$m^2\neq 1$。

$$\frac{1}{\gamma_0}\frac{\mathrm{d}\boldsymbol{m}}{\mathrm{d}t} = -\boldsymbol{m}\times\boldsymbol{H}_{\text{eff}} - \alpha\boldsymbol{m}\times(\boldsymbol{m}\times\boldsymbol{H}_{\text{eff}}) + a_{\text{J}}\boldsymbol{m}\times(\boldsymbol{m}\times\boldsymbol{n}_{\text{s}}) - \alpha a_{\text{J}}(\boldsymbol{m}\times\boldsymbol{n}_{\text{s}}), \tag{7.2}$$

其中

$$\gamma_0 = \frac{\gamma}{1+\alpha^2}. \tag{7.3}$$

$\gamma\approx 2\mu_{\text{B}}/\hbar$ 是旋磁比，α 是 Gilbert 阻尼常数，H_{eff} 是总磁场，包括外磁场 H_0、交变磁场和内部各向异性场 H_1，$\boldsymbol{n}_{\text{s}}$ 是固定层中磁化的单位矢量，a_{J} 是由自旋极化电流产生的扭力常数：

$$a_{\text{J}} = \left(\frac{\hbar}{2e}\right)\eta\left(\frac{I}{\mu_0 SdM_{\text{s}}}\right), \tag{7.4}$$

其中，η 是电子的自旋极化度，I 是电流，M_s 是饱和磁化强度，S 和 d 分别是自由层的面积和厚度。

首先将方程 (7.2) 化为无量纲形式，取磁场单位 $H_0 = 10^4 \mathrm{A/m} \sim 1.257 \times 10^{-2} \mathrm{T}$，$\gamma H_0 = 176 \mathrm{GHz/T} \times 1.257 \times 10^{-2} \mathrm{T} = 2.21 \mathrm{GHz}$，时间单位 $\tau_0 = 1/\gamma H_0 = 0.45 \mathrm{ns}$。用无量纲的物理量，方程 (7.2) 可写为

$$(1+\alpha^2)\frac{\mathrm{d}\boldsymbol{m}}{\mathrm{d}\tau} = -\boldsymbol{m} \times \boldsymbol{h}_\mathrm{eff} - \alpha \boldsymbol{m} \times (\boldsymbol{m} \times \boldsymbol{h}_\mathrm{eff}) - a_\mathrm{JH}\boldsymbol{m} \times (\boldsymbol{m} \times \boldsymbol{n}_\mathrm{s}) + \alpha a_\mathrm{JH}(\boldsymbol{m} \times \boldsymbol{n}_\mathrm{s}), \quad (7.5)$$

其中，$a_\mathrm{JH} = a_\mathrm{J}/H_0$，$\boldsymbol{h}_\mathrm{eff} = \boldsymbol{H}_\mathrm{eff}/H_0$ 是无量纲的磁场。$\boldsymbol{H}_\mathrm{eff}$ 代表了外磁场和内磁场之和。内磁场使得磁体的磁化指向易磁轴，例如，一个沿 x-y 平面的薄膜磁体，易磁轴沿 z 方向，则内磁场

$$\boldsymbol{H}_1 = H_{1z}m_z\hat{z} + H_{1x}m_x\hat{x}, \quad (7.6)$$

如果 $H_{1z} \gg H_{1x}$，则 z 轴是易磁轴。它代表了内部单轴各向异性有效场。注意内部场与磁矩 $\boldsymbol{m}$ 有关。

我们取无量纲的有效磁场，

$$\boldsymbol{h}_\mathrm{eff} = h_0\hat{z} + h_{3x}\hat{x} + h_{3y}\hat{y} + h_1 m_z\hat{z} + h_2 m_x\hat{x}, \quad (7.7)$$

其中前三项是外磁场，h_0 是沿 z 方向的恒定磁场，h_3 是在 x-y 平面内的交变磁场 $h_{3x} = h_3\cos\omega\tau$，$h_{3y} = h_3\sin\omega\tau$；最后两项是内部各向异性场。先不考虑 a_JH 电流项，写出 LLG 方程的分量形式：

$$(1+\alpha^2)\frac{\mathrm{d}m_x}{\mathrm{d}\tau} = -m_y m_z H_{1z} - \alpha\left(m_x^3 H_{1x} - m^2 m_x H_{1x} + m_x m_z^2 H_{1z}\right)$$
$$- m_y H_0 + m_z H_{2y} - \alpha\left[(\boldsymbol{m}\cdot\boldsymbol{H}_\mathrm{e})m_x - m^2 H_{2x}\right],$$
$$(1+\alpha^2)\frac{\mathrm{d}m_y}{\mathrm{d}\tau} = m_x m_z H_{1z} - m_x m_z H_{1x} - \alpha\left(m_y m_x^2 H_{1x} + m_y m_z^2 H_{1z}\right) \qquad (7.8)$$
$$- m_z H_{2x} + m_x H_0 - \alpha\left[(\boldsymbol{m}\cdot\boldsymbol{H}_\mathrm{e})m_y - m^2 H_{2y}\right],$$
$$(1+\alpha^2)\frac{\mathrm{d}m_z}{\mathrm{d}\tau} = m_x m_y H_{1x} - \alpha\left[m_z m_x^2 H_{1x} + m_z^3 H_{1z} - m^2 m_z H_{1z}\right]$$
$$- m_x h_{2y} + m_y h_{2x} - \alpha\left[(\boldsymbol{m}\cdot\boldsymbol{H}_\mathrm{e})m_z - m^2 H_0\right],$$

其中

$$\boldsymbol{m}\cdot\boldsymbol{H}_\mathrm{e} = m_x H_{2x} + m_y H_{2y} + m_z H_0. \quad (7.9)$$

7.2 铁磁共振的性质 [7]

7.2.1 在不同交变场频率下磁矩的变化

图 7.2(a)~(c) 分别是在不同频率 $\omega = 1.06, 1.07, 1.08$ 下磁矩随时间 τ 的变化。计算中取无量纲参数为：$\alpha = 0.02$，$h_0 = 1$，$h_{1z} = 0.1$，$h_{1x} = 0$，$h_3 = 0.02$。初始条件是

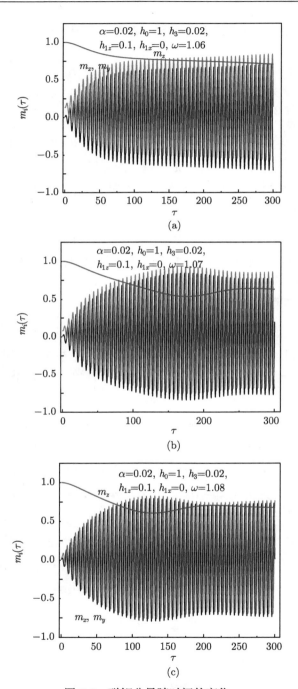

图 7.2　磁矩分量随时间的变化

$\boldsymbol{m}_0 = (0.01, 0, 1)$。由图可见，磁矩分量按照交变场的频率而振荡，周期等于 $\tau_0 = 2\pi/\omega$，但振幅是不同的。在一定的频率 ω_0 下，振幅最大，磁矩分量 m_x 和 m_y 随时间增加迅速，称为铁磁共振；同时 m_z 随时间增加而减小，在共振时减小得最多。在无量纲系统中，如果外磁场 $h_0 = 1$，则对应于共振频率 $\omega = 1$。但除了外磁场，还有在 z 方向的内部各向异性场 $h_1 = 0.1$。虽然两种场的性质是不同的，后者与 m_z 有关。共振频率 $\omega_0 \approx h_0 + h_1 = 1.1$(以 γH_0 为单位)。以下就需要确定铁磁共振的频率 ω_0。

7.2.2 磁矩振荡的频谱

我们需要将 7.2.1 节中铁磁振荡的分量 $m_i(t)$ $(i = x, y)$ (图 7.2) 转换成频谱 $m_i(\omega)$，也就是铁磁共振谱。对于 m_x 振荡，利用正弦傅里叶变换：

$$F(\omega) = \lim_{a \to \infty} \frac{4}{\pi a} \left[\int_0^a f(t) \sin \omega t dt \right]^2. \tag{7.10}$$

其中，a 是一个相对于振荡周期的大数。例如，如果振荡函数是 $f(t) = \sin \omega_0 t$，则有

$$\begin{aligned}
\int_0^a \sin \omega_0 t \sin \omega t dt &= \frac{1}{2} \left[\cos (\omega_0 - \omega) t - \cos (\omega_0 + \omega) t \right] \\
&= \frac{1}{2} \left[\frac{\sin (\omega_0 - \omega) a}{(\omega_0 - \omega)} - \frac{\sin (\omega_0 + \omega) a}{(\omega_0 + \omega)} \right].
\end{aligned} \tag{7.11}$$

从 δ 函数的定义，

$$\delta(x) = \lim_{a \to \infty} \frac{1}{\pi} \frac{\sin^2 ax}{ax^2}, \tag{7.12}$$

我们获得

$$F(\omega) = \lim_{a \to \infty} \frac{4}{\pi a} \frac{\sin^2 (\omega_0 - \omega) a}{4 (\omega_0 - \omega)^2} = \delta(\omega_0 - \omega). \tag{7.13}$$

类似地，对 m_y 振荡我们利用余弦傅里叶变换。

因为 $m_i(\tau)$ 是由数值方法在一系列分立的无量纲时间点 τ_n 上给出，因此式 (7.10) 由定步长的辛普森 (Simpson) 方法积分。图 7.3 是在 $h_0 = 1$，$h_{1z} = 0.1$，$h_{1x} = 0$，$h_3 = 0.02$，$\alpha = 0.02$ 和 $\omega = 1.096$(共振) 条件下的频谱，其中时间和频率的单位是无量纲的，分别为 τ 和 $2\pi/\tau$。

图 7.3 中有 m_x 和 m_y 两条曲线，因为它们的频谱相同，所以不可区分。由图可见，共有 3 个主要的共振峰，主峰的位置在 $\omega_0 = 1.096$，振幅最大；还有两个铁磁共振波，它们的频率不同于主频，并且振幅较小。

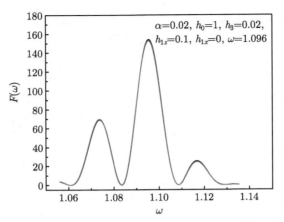

图 7.3　m_x 和 m_y 在共振频率 $\omega_0 = 1.096$ 处的频谱

7.2.3　铁磁共振谱

在固定的交变场频率 ω 下求磁矩振幅与外加磁场的关系，或在固定外加磁场下求磁矩振幅与交变场频率的关系，就得到铁磁共振谱。图 7.4 是 $h_{1z}=0.1$，$h_{1x}=0$，$h_3=0.02$，$\alpha=0.02$ 时的铁磁共振谱，(a) $h_0=1$，ω 是变量，(b) $\omega=1$，h_0 是变量。

比较图 7.4(a) 和 (b)，发现当 ω 是变量时，共振峰比较对称，而当 h_0 是变量时共振曲线不对称。在图 7.4(a) 中，在 z 方向的磁场 $h_0=1$，$h_1=0.1$，共振频率 $\omega_0=1.096 \approx h_0 + h_1$，似乎并不区分内、外磁场。在图 7.4(b) 中 $\omega=1$，共振磁场 $h_0=0.907 \approx \omega - h_1$。需要注意的是，因为我们用无量纲的量，所以 ω 和 h 的值是相同的。

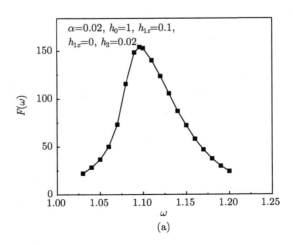

(a)

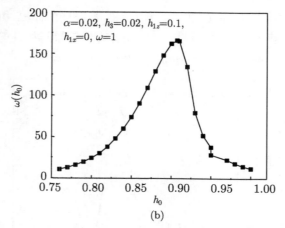

(b)

图 7.4 $h_{1z}=0.1$, $h_{1x}=0$, $h_3=0.02$, $\alpha=0.02$ 时的铁磁共振谱

7.2.4 阻尼因子的效应

图 7.5 是 $h_0=1$, $h_1=0.1$, $h_2=0$, $h_3=0.02$ 时的铁磁共振谱作为 ω 的函数,阻尼因子分别取为 $\alpha=0.01, 0.02, 0.03$。由图可见,当阻尼因子 α 大时,共振强度变小,并且共振频率稍微蓝移。当 $\alpha=0.01, 0.02, 0.03$ 时,共振频率分别为 1.09, 1.096, 1.11。

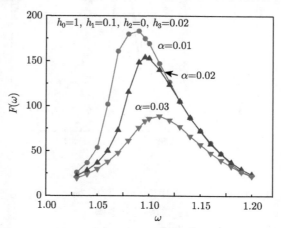

图 7.5 $h_0=1$, $h_1=0.1$, $h_2=0$, $h_3=0.02$ 时的铁磁共振谱作为 ω 的函数

7.2.5 内部各向异性场 h_1 和 h_2 的效应

本章中假定外磁场 h_0 沿 z 方向,内部各向异性磁场 h_1 也在 z 方向,而内部各向异性场 h_2 沿 x 方向,垂直于 h_0。此外内部场是与磁矩有关的,见式 (7.7)。

图 7.6(a) 和 (b) 是当 $\alpha=0.02$, $h_0=1$, $h_1=0$, $h_3=0.02$, $\omega=1$ 和 $h_2=\pm0.1$ 时 m_x 和 m_y 的振动频率谱。由图 7.6 可见，由于在 z 方向的轴对称性的破缺，m_x 和 m_y 的曲线是不同的，对 $h_2=+0.1$ $m_x>m_y$，对 $h_2=-0.1$，$m_x<m_y$。

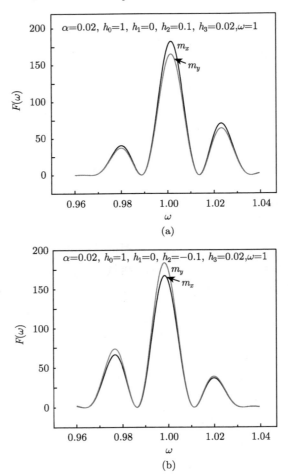

图 7.6   当 $\alpha=0.02$, $h_0=1$, $h_1=0$, $h_3=0.02$, $\omega=1$ 和 (a) $h_2=0.1$ 和 (b) $h_2=-0.1$ 时 m_x 和 m_y 的振动频率谱

图 7.7 是当 $\alpha=0.02$, $h_3=0.02$, $\omega=1$, 以及 $h_1=\pm0.1$, $h_2=0$ 或 $h_1=0$, $h_2=\pm0.1$ 时铁磁共振 (由 m_x) 谱作为 h_0 的函数。正如 7.2.3 节所示，因为内磁场 h_1 在 z 方向，它将影响共振场，当 $h_1=+0.1$ 和 $h_1=-0.1$ 时，共振场分别为 0.907 和 1.09；而内部场 h_2 在 x 方向，它也影响共振场，当 $h_2=-0.1$ 和 $h_2=0.1$ 时，共振场分别为 0.95 和 1.05。当内部场的绝对值增加时，共振场将从图 7.7 向两边扩展。

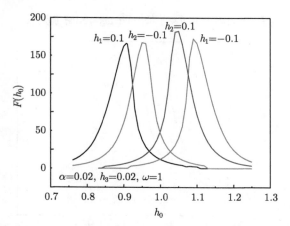

图 7.7 当 $\alpha=0.02$, $h_3=0.02$, $\omega=1$, 以及 $h_1=\pm0.1$, $h_2=0$ 或 $h_1=0$, $h_2=\pm0.1$ 时铁磁共振 (由 m_x) 谱作为 h_0 的函数

7.2.6 磁场倾斜的效应

在以前的计算中都假定外磁场 $\boldsymbol{h}_0$ 总是在 z 方向, 本节考虑磁场倾斜的效应。假定 $\boldsymbol{h}_0$ 和 z 轴之间的夹角为 θ, 外磁场为

$$h_{0z} = h_0 \cos\theta, \quad h_{0x} = h_0 \sin\theta. \tag{7.14}$$

图 7.8 是 $\theta=15°$, $\alpha=0.02$, $h_0=1$, $h_1=0.1$, $h_2=0$, $h_3=0.02$, $\omega=1.09$ 时 m_x 和 m_y 的振动频谱。与图 7.3 $\theta=0°$ 的结果比较, 由于轴对称性的破缺 m_x 和 m_y 的曲线不再重合。

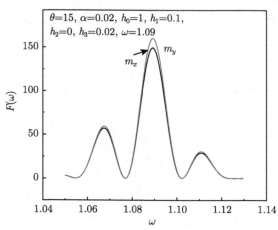

图 7.8 $\theta=15°$, $\alpha=0.02$, $h_0=1$, $h_1=0.1$, $h_2=0$, $h_3=0.02$, $\omega=1.09$ 时 m_x 和 m_y 的振动频谱

图 7.9 是当 $\alpha=0.02$, $h_0=1$, $h_1=0.1$, $h_2=0$, $h_3=0.02$, 以及 $\theta=0°$、$15°$、$30°$ 时铁磁共振谱作为 ω 的函数。由图可见, 当 $\theta=15°$ 和 $30°$ 时有两条曲线, 分别对应于 m_y

和 m_x $(m_y > m_x)$。当 θ 增加时，共振频率按照 $\omega_0 \sim \cos\theta$ 减小。

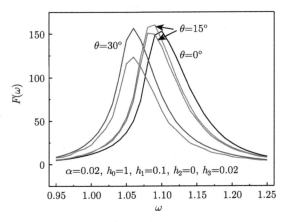

图 7.9　当 $\alpha = 0.02$, $h_0 = 1$, $h_1 = 0.1$, $h_2 = 0$, $h_3 = 0.02$, 以及 $\theta = 0°$, $15°$, $30°$ 时铁磁共振谱作为 ω 的函数

7.2.7　由自旋电流引起的自旋转移扭力 (SST) 的效应

我们假定在铁磁共振中由样品的固定磁层向自由磁层有一个自旋电流，它由式 (7.2) 中的 a_J 项描述，下面考虑自旋流引起的 SST 效应。当电流值小于一个临界值时，磁矩 m_z 不反向，只有当电流 a_J 超过临界值时 m_z 才反向[5]，这是 SST 的工作原理。以下研究在这个过程中的铁磁共振。

图 7.10 是 $\alpha = 0.02$, $h_0 = 0.907$, $h_1 = 0.1$, $h_2 = 0$, $h_3 = 0.02$, $\omega = 1$, 以及 $J_H = 0$, 0.02,

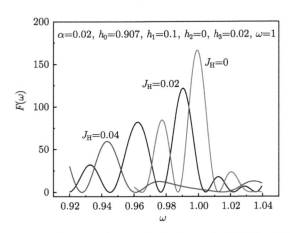

图 7.10　$\alpha = 0.02$, $h_0 = 0.907$, $h_1 = 0.1$, $h_2 = 0$, $h_3 = 0.02$, $\omega = 1$, 以及 $J_H = 0$, 0.02, 0.04 时的 m_x 和 m_y 振动频谱

0.04 时的 m_x 和 m_y 振动频谱，其中 J_H 是无量纲的电流参量，见文献 [5]。当 J_H=0.02 时，m_z 不反向；J_H=0.04 时，m_z 反向。由图 7.10 可见，随着电流增加，出现越来越多的共振峰，峰的频率和高度减小，这时 STT 效应将超过铁磁共振效应。

7.3 小 结

我们利用没有磁矩守恒要求的 LLG 方程研究了铁磁共振的动力学。用数值方法研究了阻尼因子 α、内部各向异性磁场、外磁场倾斜以及自旋流引起的自旋转移扭力效应等，得到了如下结果：

(1) 在固定磁场下铁磁共振谱作为频率 ω 的函数，以及在固定频率下铁磁共振谱作为磁场的函数。结果发现内部各向异性磁场对共振场或者频率也有贡献。共振频率 (或场) 近似地由两个磁场之和确定，虽然两个场的性质是不同的，后者与 m_z 有关。共振频率 $\omega_0 \approx h_0 + h_1$ (以 γH_0 为单位)。

(2) 阻尼因子增加，使得共振频率稍微增加，共振强度减小。m_x 和 m_y 的振荡波更快地到达它们的稳定值。

(3) 内部各向异性场不论是平行或垂直于外场 $\boldsymbol{h}_0$，都对共振频率有影响。当 ω=1 时，对 4 种不同的内部场，共振磁场分别为 h_0=0.907 (h_1=0.1, h_2=0)，0.95 (h_1=0, h_2=−0.1)，1.05 (h_1=0, h_2=0.1)，1.09 (h_1=−0.1, h_2=0)。正负内部场对共振场或者频率有相反的效应。

(4) 在垂直方向加自旋电流会影响铁磁共振。当自旋电流大于临界电流时，会引起磁矩分量 m_z 反向，这时自旋扭力 (STT) 效应将超过铁磁共振效应，使铁磁共振效应不再存在。

参 考 文 献

[1] Beaujour J M L, Kent A D, Abraham D W, et al. J. Appl. Appl. Phys., 2008, 103: 07B519.

[2] Wu C, Khalfan A N, Pettiford C, et al. J. Appl. Appl. Phys., 2008, 103: 07B525.

[3] Kakazei G N, Martin P P, Ruiz A, et al. J. Appl. Appl. Phys., 2008, 103: 07B527.

[4] Ulban R, Woltersdorf G, Heinrich B. Phys. Rev. Lett., 2001, 87: 217204.

[5] Wen H Y, Xia J B. Chin. Phys. B, 2017, 26: 047501.

[6] Wen H Y, Xia J B. Chin. Phys. B, 2018, 27: 067502.

[7] Wen H Y, Xia J B. Americal J. Phys. & Appl. 2019, 7: 8.

第8章 自旋泵和纯自旋流

自旋流的输运产生了自旋扭力, 但是自旋流并不总是伴随着电荷电流, 所以可以发展器件概念, 其中电荷流和自旋流的路径是分开的, 不同的器件特性, 如读和写的阻抗、磁阻和击穿特性等可以分别优化。实验上已经实现没有电荷电流的纯自旋流驱动的磁开关。基于这个原理构造的三端自旋扭力驱动磁开关已在实验上实现了 [1], 如图 8.1 所示。

在这个结构 (图 8.1(a)) 中, 注入层 (IL) 是磁的, 延伸到侧向, 铁磁层 (FL) 和合成的反铁磁层 (SAF) 是磁的, 刻蚀到小的体积。IL 与 FL 之间的区域是电荷电流和自旋电流的通道, 它的电导率是高的, 自旋反转散射率是低的。金属电极 T1 对自旋过滤进入通过 IL 进入导电层提供必需的电流浓度。电荷电流由 T1 端注入, 在 T2 端收集。在 T1 与自由层 FL 之间的非磁层中形成了自旋积累。自旋积累驱动了一个自旋流, 被 FL 吸收, 因此自旋流产生了一个自旋扭力 $\tau_{||}$, 它能够

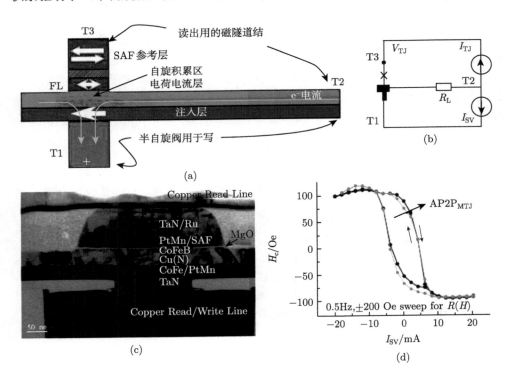

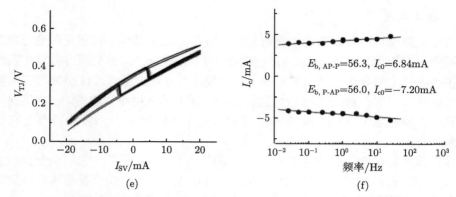

(e)   (f)

图 8.1 (a) 非局域自旋流驱动磁开关示意图；(b) 器件的等价电路；(c) 显示层组成的电子显微镜截面图；(d) 在 $(H\text{-}I)$ 空间自旋扭力开关相边界；(e) 自旋阀边偏置电流在不同扫速下的器件的跨阻；(f) 扫速有关的临界电流和估计的热激活势垒高度

将开关 FL 中的磁化。自由层上面的磁隧道结能够读出 T3 与 T2 之间的电阻态，由图 8.1(b) 中的 R_L 所示。这个器件结构对自旋输运提供了两个高电导率的界面，一个在注入层 IL 与高导金属层之间，另一个在高导金属层与铁磁自由层之间，因此得到了最佳的自旋输运特性。对于一个简单的平面内各向异性系统 CoFeB/Cu，$E_b=39k_BT$，开关时间 1ns，达到了临界电流 7mA[1]。

由此可见，自旋积累、自旋泵和纯自旋流产生自旋扭力又提出了一个磁开关的新方向。纯自旋流对于自旋电子学的应用特别重要，因为减少了热耗散，同时又是在非磁材料中产生，如非局域的自旋注入、自旋泵和自旋霍尔效应等。有效的自旋注入、自旋输运、自旋操作、自旋探测对利用自旋自由度制作磁电器件具有关键的作用。

8.1 自 旋 泵

自旋泵是产生自旋流 (自旋积累) 的一种方法，在一个杂化结构中利用磁化动力学，如铁磁共振 (FMR) 引起的磁化进动方法，将自旋流从铁磁体注入到相邻的金属或半导体中。在 FMR 中自旋角动量被外加的微波通过磁化的进动稳定地输送到铁磁材料中，其中由微波场提供的自旋角动量增加率被磁化阻尼率 (称为 Gilbert 阻尼) 所平衡，阻尼使自旋角动量耗散到晶格上。当一个正常金属与一个具有进动磁化的铁磁体相接触时，自旋角动量能从铁磁体通过界面流向正常导体，产生了自旋流和增强的磁化阻尼，也可能在纳米结构中由温度差产生热流，从而产生自旋流。自旋泵广泛地应用于各种自旋注入方法在杂化的纳米结构中的导体中，产生自旋流和自旋积累。

8.1.1 基本方程 [2]

自旋泵原理与以前研究的电流引起的自旋扭力使铁磁体中的磁化改变方向的原理不同, 自旋泵是先通过铁磁共振使铁磁体中的磁化取向, 然后通过自旋交换作用使得铁磁体中的导带电子自旋取向。自旋极化的导带电子通过铁磁体与正常金属的界面流入正常金属, 产生纯自旋流。因此, 需要引入两个物理量, 一个是铁磁体中具有自旋的磁化 $M(r,t)$, 另一个是自由电子的磁化 $m(r,t)$。下面导出它们满足的方程。

铁磁体系统包含了局域磁矩 (d 电子) 和导电电子 (s 电子), 它们由交换相互作用耦合。局域磁矩主要是铁磁体的磁化, 而导电电子主要产生电荷电流和自旋电流。系统哈密顿量可以写为

$$H = H_0 + H_{sd} + H_Z, \tag{8.1}$$

其中, H_0 是导电电子和局域矩的哈密顿量, H_{sd} 是交换相互作用,

$$H_{sd} = -J_{sd}v_a \int dr\, S(r,t) \cdot s(r,t), \tag{8.2}$$

J_{sd} 是交换相互作用常数, v_a 是每个晶格点的体积, $S(r,t)$ 和 $s(r,t)$ 分别是局域自旋和导电电子的自旋密度;

$$\begin{cases} S(r,t) = \sum S_i(t)\delta(r-r_i), \\ s(r,t) = \sum_{\sigma'\sigma} \psi_{\sigma'}^{\dagger}(r,t)s_{\sigma'\sigma}\psi(r,t). \end{cases} \tag{8.3}$$

$s_{\sigma'\sigma}$ 是电子自旋算符, $\psi_{\sigma}^{\dagger}$ 和 ψ_{σ} 是具有自旋 σ 的导电电子的产生和湮灭算符。H_Z 是塞曼项:

$$H_Z = \gamma\hbar \int dr\, S(r,t) \cdot H_{eff} + \gamma_e\hbar \int dr\, s(r,t) \cdot H, \tag{8.4}$$

其中, H_{eff} 是作用在局域自旋上的有效磁场, 包括直流外磁场 H、微波场 $h_{ac}(t)$、退磁场和磁晶体的各向异性场, $\gamma = g\mu_B/\hbar$ 和 $\gamma_e = g_e\mu_B/\hbar$ 分别是局域自旋和导电电子自旋的旋磁比, g 和 g_e 是 g 因子。

局域自旋和导电电子的运动方程分别由运动方程

$$\frac{dS}{dt} = \frac{i}{\hbar}[H, S], \quad \frac{ds}{dt} = \frac{i}{\hbar}[H, s], \tag{8.5}$$

得到

$$\begin{cases} \dfrac{\partial}{\partial t}M(r,t) = -\gamma M(r,t) \times H_{eff} - \gamma J_{ex}M(r,t) \times m(r,t), \\[2mm] \dfrac{\partial}{\partial t}m(r,t) = -\gamma_e m(r,t) \times H_{eff} - \gamma_e J_{ex}m(r,t) \times M(r,t) + D\nabla \cdot j_m(r,t), \\[2mm] M(r,t) = -\gamma\hbar \langle S(r,t)\rangle/v_a, \quad m(r,t) = -\gamma\hbar\langle s(r,t)\rangle/v_a, \end{cases} \tag{8.6}$$

其中, M 和 m 分别是局域自旋和导电电子自旋的磁化; $v_a = a^3$ 是原子体积; $\gamma\hbar = \mu_B/2$; $J_{ex} = -J_{sd}v_a/(\hbar^2\gamma\gamma_e)$ 是有效交换相互作用常数。

附: 有效交换相互作用 J_{ex}, 取下列数值, 计算它的大小和单位为

$$J_{sd} = 1\text{eV} = 1.602 \times 10^{-19}\text{V} \cdot \text{A} \cdot \text{s},$$
$$a = 0.3\text{nm} = 0.3 \times 10^{-9}\text{m},$$
$$\gamma\hbar = 2.33 \times 10^{-29}\text{V} \cdot \text{m} \cdot \text{s},$$
$$J_{ex} = \frac{1.602 \times 10^{-19}\text{V} \cdot \text{A} \cdot \text{s} \times \left(0.3 \times 10^{-9}\text{m}\right)^3}{(2.33 \times 10^{-29}\text{V} \cdot \text{m} \cdot \text{s})^2} = 7.967 \times 10^9 \frac{\text{A} \cdot \text{m}^{-1}}{\text{V} \cdot \text{s} \cdot \text{m}^{-2}}.$$

由上式可见, J_{ex} 的单位是对的。它乘以磁化 (单位: $\text{V} \cdot \text{s} \cdot \text{m}^{-2}$), 就得到磁场 (单位: $\text{A} \cdot \text{m}^{-1}$)。

m 的方程中有一项是自旋电流 j_m 的散度, 它是电流算符的期待值:

$$j_m(r,t) = -\gamma_e\hbar \sum_{\sigma\sigma'} \text{Re}\left[\psi_{\sigma'}^\dagger(r,t) s_{\sigma'\sigma}\left(\frac{\hbar\nabla}{im_e}\right)\psi(r,t)\right]. \tag{8.7}$$

自旋流密度 $j_s = j_m/\gamma_e$, 是一个二阶张量, 依赖于流方向 i 和自旋极化方向 k。

8.1.2　LLG 方程和布洛赫方程

在铁磁体中局域自旋由强交换相互作用紧密耦合成相互平行, 允许用磁化 M 描述局域自旋。当铁磁体处于外直流磁场 H 和交变微波场 $h_{ac}(t)$ 时, 磁化就绕着 H 的方向做进动, 大小固定。

磁化的动力学唯象地由 LLG 方程描述, 包括了 Gilbert 阻尼项:

$$\frac{\partial}{\partial t}M(r,t) = -\gamma M(r,t) \times [H + h_{ac}(t)] - \gamma J_{ex}M(r,t) \times m(r,t)$$
$$+ \frac{\alpha_0}{M_s}\left[M(r,t) \times \frac{\partial}{\partial t}M(r,t)\right]. \tag{8.8}$$

其中, α_0 是无量纲的 Gilbert 阻尼因子, $M_s = |M(r,t)|$ 是饱和磁化。为简单起见, 忽略了退磁场和晶体的磁各向异性场。$J_{ex} = v_aJ_{sd}/(\hbar^2\gamma\gamma_e)$ 是宏观磁化与导电电子磁化之间的有效相互作用常数。

导电电子的磁化 $m(r,t)$ 唯象地由布洛赫方程描述, 包含了自旋弛豫项和扩散自旋流 $J_m = -D\nabla m$ 项, D 是扩散系数, 忽略了直流和微波场的项:

$$\frac{\partial}{\partial t}m(r,t) = -\gamma_e J_{ex}m(r,t) \times M(r,t) - \frac{\delta m(r,t)}{\tau_s} + D\nabla^2 m(r,t). \tag{8.9}$$

其中, τ_s 是自旋弛豫时间, $\tau_s \sim 10^{-12}\text{s}$。$\delta m = m - m_0$ 是非平衡的自旋 (磁矩) 积累,

$$m_0(r,t) = m_0[M(r,t)/M_s]. \tag{8.10}$$

在文献 [2] 中, 对 Fe、Co、Ni 等典型的铁磁体, 取 $J_{sd}=1\text{eV}$, $S=2$, $\tau_s=10^{-12}\text{s}$, $m_0/M_s=10^{-2}$。

附: 饱和磁化为

$$M_s = \frac{\gamma\hbar S}{a^3} = \frac{2.33 \times 10^{-29}\text{V} \cdot \text{m} \cdot \text{s} \times 2}{(0.3 \times 10^{-9}\text{m})^3} = 1.726\text{V} \cdot \text{s} \cdot \text{m}^{-2},$$

$$m_0 = 10^{-2} \cdot \frac{M_s}{\mu_0} = \frac{10^{-2} \times 1.726\text{V} \cdot \text{s} \cdot \text{m}^{-2}}{4\pi \times 10^{-7}\text{V} \cdot \text{s} \cdot \text{A}^{-1} \cdot \text{m}^{-1}} = 1.374 \times 10^4 \text{A} \cdot \text{m}^{-1}.$$

8.1.3　铁磁单层/非铁磁体模型

铁磁单层/非铁磁体模型如图 8.2 所示 [2]。

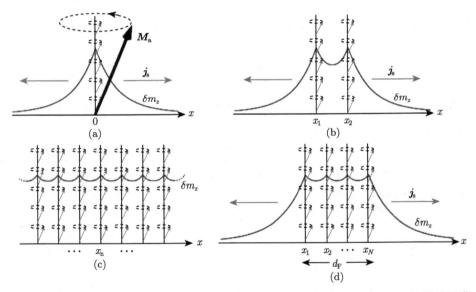

图 8.2　自旋泵从正常金属电子气中的铁磁单层中产生的模型。(a) 在 $x=0$ 处的单层模型; (b) 在 $x=x_1$, x_2 处的双层模型; (c) 在 $x=x_n=nd$ 处的周期排列的铁磁层模型, d 是周期; (d)N 个铁磁单层模型。平面层的磁矩 $M_a = -\gamma\hbar S/a^2$, a 是晶格常数, 在图上用箭头表示, 它们在磁场下同相位地进动。自旋积累 $\delta m(x,t)$ 和由此产生的自旋流 j_s 也在图上表示

先考虑图 8.2(a) 所示的铁磁单层模型, 其中层的磁化由在 $x=0$ 的二维 δ 函数表示:

$$M(x,t) = M_a(t)\delta(x) = M(t)a\delta(x). \tag{8.11}$$

其中, $M(t) = M_a(t)/a = -\hbar\gamma S(t)/a^3$ 对应于体的磁化。

因为进动频率 ($\omega \sim \text{GHz}$) 远小于自旋弛豫率 ($1/\tau_s \sim 10^{12}\text{s}^{-1}$), 也就是 $\omega\tau_s \ll 1$, 所以方程 (8.9) 左边对时间的微分可以忽略, 将 m 写成 m_0 和 δm, $m_0 = X_e J_{ex} M$,

布洛赫方程 (8.9) 变成具有源项的稳态扩散方程:

$$\left(\frac{1}{\tau_{\rm s}} - D\nabla^2\right)\delta\boldsymbol{m}\left(x,t\right) = \frac{1}{\tau_{\rm ex}}\left[\hat{\boldsymbol{M}}\left(t\right)\times\delta\boldsymbol{m}\left(0,t\right) - \frac{\chi_{\rm e}}{\gamma_{\rm e}}\frac{\partial}{\partial t}\hat{\boldsymbol{M}}\left(t\right)\right]a\delta\left(x\right),\qquad(8.12)$$

其中，$\hat{\boldsymbol{M}} = \boldsymbol{M}/M_{\rm s}$ 是磁化方向的单位矢量，$\tau_{\rm ex} = a/(\gamma_{\rm e}J_{\rm ex}M_{\rm a}) = \hbar/(SJ_{\rm sd})$。

附：$\tau_{\rm ex}$ 的数值

$$\tau_{\rm ex} = \frac{\hbar}{SJ_{\rm sd}} = \frac{1.0544\times10^{-34}{\rm V\cdot A\cdot s^2}}{2\times1.602\times10^{-19}{\rm V\cdot A\cdot s}} = 0.329\times10^{-15}{\rm s}.$$

由此可见，$\tau_{\rm ex}$ 比 $\tau_{\rm s}$ 小 3 个量级。

方程 (8.12) 有解:

$$\delta\boldsymbol{m}\left(x,t\right) = \frac{\tau_{\rm s}}{\tau_{\rm ex}}\frac{a}{2\lambda_{\rm s}}\left[\hat{\boldsymbol{M}}\left(t\right)\times\delta\boldsymbol{m}\left(0,t\right) - \frac{\chi_{\rm e}}{\gamma_{\rm e}}\frac{\partial\hat{\boldsymbol{M}}\left(t\right)}{\partial t}\right]{\rm e}^{-|x|/\lambda_{\rm s}},\qquad(8.13)$$

其中，$\lambda_{\rm s} = (D\tau_{\rm s})^{1/2}$ 是自旋扩散长度。将 $\hat{\boldsymbol{M}}\left(t\right)$ 乘以式 (8.13)，经整理得到

$$\delta\boldsymbol{m}\left(x,t\right) = -\frac{\chi_{\rm e}}{\gamma_{\rm e}}\frac{1}{1+\Gamma_{\rm a}^2}\left[\left(\hat{\boldsymbol{M}}\times\frac{\partial\hat{\boldsymbol{M}}}{\partial t}\right) + \Gamma_{\rm a}\frac{\partial\hat{\boldsymbol{M}}}{\partial t}\right]{\rm e}^{-|x|/\lambda_{\rm s}},$$

$$\Gamma_{\rm a} = \frac{\tau_{\rm ex}}{\tau_{\rm s}}\frac{2\lambda_{\rm s}}{a} = \left(\frac{\hbar}{SJ_{\rm sd}\tau_{\rm s}}\right)\frac{2\lambda_{\rm s}}{a}.\qquad(8.14)$$

附：式 (8.14) 证明。由式 (8.13)，

$$\Gamma_{\rm a}\delta\boldsymbol{m} = \left[\hat{\boldsymbol{M}}\times\delta\boldsymbol{m} - \frac{\chi_{\rm e}}{\gamma_{\rm e}}\frac{\partial\hat{\boldsymbol{M}}}{\partial t}\right]{\rm e}^{-|x|/\lambda_{\rm s}},$$

$$\Gamma_{\rm a}\hat{\boldsymbol{M}}\times\delta\boldsymbol{m} = \left[-\delta\boldsymbol{m} - \frac{\chi_{\rm e}}{\gamma_{\rm e}}\hat{\boldsymbol{M}}\times\frac{\partial\hat{\boldsymbol{M}}}{\partial t}\right]{\rm e}^{-|x|/\lambda_{\rm s}},$$

将第 2 式代入第 1 式的右边，

$$\Gamma_{\rm a}\delta\boldsymbol{m} = \left[\frac{1}{\Gamma_{\rm a}}\left(-\delta\boldsymbol{m} - \frac{\chi_{\rm e}}{\gamma_{\rm e}}\hat{\boldsymbol{M}}\times\frac{\partial\hat{\boldsymbol{M}}}{\partial t}\right) - \frac{\chi_{\rm e}}{\gamma_{\rm e}}\frac{\partial\hat{\boldsymbol{M}}}{\partial t}\right]{\rm e}^{-|x|/\lambda_{\rm s}},$$

$$\left(1+\Gamma_{\rm a}^2\right)\delta\boldsymbol{m} = -\frac{\chi_{\rm e}}{\gamma_{\rm e}}\left[\hat{\boldsymbol{M}}\times\frac{\partial\hat{\boldsymbol{M}}}{\partial t} + \Gamma_{\rm a}\frac{\partial\hat{\boldsymbol{M}}}{\partial t}\right]{\rm e}^{-|x|/\lambda_{\rm s}}.$$

证毕。

由式 (8.14) 可见，参量 $\Gamma_{\rm a}$ 在自旋泵和磁化动力学中起重要作用。在铁磁单层中，$\Gamma_{\rm a}$ 比在体材料中 $\Gamma_{\rm bulk} = \hbar/(SJ_{\rm sd}\tau_{\rm s})$ 大一个因子 $2\lambda_{\rm s}/a$。

附：Γ_a 的数值。取 $\tau_s = 10^{-12}$s, $\lambda_s = 10$nm, $a = 0.3$nm,

$$\Gamma_a = \frac{\tau_{ex}}{\tau_s}\frac{\lambda_s}{a} = \frac{0.329 \times 10^{-15}\text{s}}{10^{-12}\text{s}} \cdot \frac{10\text{nm}}{0.3\text{nm}} = 0.011.$$

将式 (8.14) 代入 LLG 方程 (8.8), 得到

$$\frac{\partial \hat{M}(t)}{\partial t} = -\tilde{\gamma}\hat{M}(t) \times [\boldsymbol{H} + \boldsymbol{h}_{ac}(t)] + \alpha\hat{M}(t) \times \frac{\partial \hat{M}(t)}{\partial t}, \tag{8.15}$$

其中, 重整化常数为

$$\tilde{\gamma} = \frac{\gamma}{1 + \alpha_{SP}/\Gamma_a}, \quad \alpha = \frac{\tilde{\gamma}}{\gamma}(\alpha + \alpha_{SP}), \quad \alpha_{SP} = \frac{\gamma}{\gamma_e}\chi_e J_{ex}\frac{\Gamma_a}{1 + \Gamma_a^2}. \tag{8.16}$$

附：式 (8.15) 的证明。利用式 (8.14),

$$\hat{M} \times \boldsymbol{m} = \hat{M} \times \delta\boldsymbol{m} = -\frac{\chi_e}{\gamma_e}\frac{1}{1 + \Gamma_a^2}\left[\hat{M} \times \left(\hat{M} \times \frac{\partial \hat{M}}{\partial t}\right) + \Gamma_a\hat{M} \times \frac{\partial \hat{M}}{\partial t}\right]e^{-|x|/\lambda_s}$$

$$= -\frac{\chi_e}{\gamma_e}\frac{1}{1 + \Gamma_a^2}\left[-\frac{\partial \hat{M}}{\partial t} + \Gamma_a\hat{M} \times \frac{\partial \hat{M}}{\partial t}\right]e^{-|x|/\lambda_s},$$

代入式 (8.8),

$$\frac{\partial \hat{M}}{\partial t} = -\gamma\hat{M} \times \boldsymbol{H}_{eff} - \gamma J_{ex}\left[-\frac{\chi_e}{\gamma_e}\frac{1}{1 + \Gamma_a^2}\left(-\frac{\partial \hat{M}}{\partial t} + \Gamma_a\hat{M} \times \frac{\partial \hat{M}}{\partial t}\right)\right] + \alpha_0\hat{M} \times \frac{\partial \hat{M}}{\partial t},$$

$$\left(1 + \gamma J_{ex}\frac{\chi_e}{\gamma_e}\frac{1}{1 + \Gamma_a^2}\right)\frac{\partial \hat{M}}{\partial t} = -\gamma\hat{M} \times \boldsymbol{H}_{eff} + \gamma J_{ex}\frac{\chi_e}{\gamma_e}\frac{\Gamma_a}{1 + \Gamma_a^2}\hat{M} \times \frac{\partial \hat{M}}{\partial t} + \alpha_0\hat{M} \times \frac{\partial \hat{M}}{\partial t},$$

$$\frac{\partial \hat{M}}{\partial t} = -\tilde{\gamma}\hat{M} \times \boldsymbol{H}_{eff} + \alpha\hat{M} \times \frac{\partial \hat{M}}{\partial t}.$$

其中, $\tilde{\gamma}$ 和 α 由式 (8.16) 给出。证毕。

α_{SP} 相当于自旋泵浦对 Gilbert 阻尼项的附加贡献。由式 (8.16),

$$\frac{\alpha_{SP}}{\Gamma_a} = \frac{\gamma}{\gamma_e}\chi_e J_{ex}\frac{1}{1 + \Gamma_a^2} \approx \chi_e J_{ex} = \frac{m_0}{M_s} = 0.01, \quad \alpha_{SP} = 0.00011.$$

因此对 Gilbert 阻尼项 α_0 的影响很小。在文献 [2] 中, 得出 $\alpha_{SP} = 0.05$, $\alpha_{SP}/\Gamma_a \gg 1$, 显然不符合实际。

8.1.4　自旋流

由导电电子的磁矩 $\boldsymbol{m}$ 的梯度产生自旋流, 由式 (8.14),

$$\boldsymbol{j}_{mx} = -D\nabla_x\delta\boldsymbol{m}$$

$$= D\frac{x}{|x|}\frac{1}{\lambda_{\rm s}}\frac{\chi_{\rm e}}{\gamma_{\rm e}}\frac{1}{1+\Gamma_{\rm a}^2}\left(\hat{\boldsymbol{M}}\times\frac{\partial\hat{\boldsymbol{M}}}{\partial t}+\Gamma_{\rm a}\frac{\partial\hat{\boldsymbol{M}}}{\partial t}\right){\rm e}^{-|x|/\lambda_{\rm s}}$$

$$= \frac{x}{|x|}\frac{2\mu_{\rm B}S}{a^2}\alpha_{\rm SP}\left(\hat{\boldsymbol{M}}\times\frac{\partial\hat{\boldsymbol{M}}}{\partial t}+\Gamma_{\rm a}\frac{\partial\hat{\boldsymbol{M}}}{\partial t}\right){\rm e}^{-|x|/\lambda_{\rm s}}. \tag{8.17}$$

它的 z 分量是稳态的自旋流, 满足

$$(j_{\rm mx}^z) = j_{\rm mx}^z\left(0^+\right) - j_{\rm mx}^z\left(0^-\right) = \frac{\mu_{\rm B}S}{a^2}\alpha_{\rm SP}\left(\hat{\boldsymbol{M}}\times\frac{\partial\hat{\boldsymbol{M}}}{\partial t}\right)_z. \tag{8.18}$$

附: 前面系数的证明

$$D\frac{1}{\lambda_{\rm s}}\frac{\chi_{\rm e}}{\gamma_{\rm e}}\frac{1}{1+\Gamma_{\rm a}^2} = \frac{\mu_{\rm B}S}{a^2}\alpha_{\rm SP},$$

$$\alpha_{\rm SP} = \frac{\gamma}{\gamma_{\rm e}}\chi_{\rm e}J_{\rm ex}\frac{\Gamma_{\rm a}}{1+\Gamma_{\rm a}^2}, \quad \frac{\chi_{\rm e}}{\gamma_{\rm e}}\frac{1}{1+\Gamma_{\rm a}^2} = \frac{\alpha_{\rm SP}}{\gamma\Gamma_{\rm a}J_{\rm ex}},$$

$$\frac{1}{\Gamma_{\rm a}} = \frac{SJ_{\rm sd}\tau_{\rm s}}{\hbar}\frac{a}{\lambda_{\rm s}}, \quad \frac{1}{J_{\rm ex}} = \frac{\hbar^2\gamma\gamma_{\rm e}}{a^3J_{\rm sd}}$$

$$D\frac{1}{\lambda_{\rm s}}\frac{\chi_{\rm e}}{\gamma_{\rm e}}\frac{1}{1+\Gamma_{\rm a}^2} = \frac{D}{\lambda_{\rm s}}\frac{\alpha_{\rm SP}}{\gamma}\frac{SJ_{\rm sd}\tau_{\rm s}}{\hbar}\frac{a}{\lambda_{\rm s}}\frac{\hbar^2\gamma\gamma_{\rm e}}{a^3J_{\rm sd}} = \frac{2\mu_{\rm B}S}{a^2}\alpha_{\rm SP}.$$

证毕.

在稳态磁场 $\boldsymbol{H}=(0,0,H)$ 和圆偏振的微波场 $\boldsymbol{h}(t) = h_{\rm ac}(\cos\omega t, \sin\omega t, 0)$ 共同作用下, 磁化绕着磁场做均匀的进动, 它们的横向分量为

$$\boldsymbol{M}_\pm\left(t\right) = M_x\left(t\right)\pm iM_y\left(t\right) = \boldsymbol{M}_0{\rm e}^{\pm {\rm i}\omega t},$$
$$\boldsymbol{m}_\pm\left(x,t\right) = m_x\left(x,t\right)\pm im_y\left(x,t\right) = \boldsymbol{m}_0{\rm e}^{\pm {\rm i}\omega t}. \tag{8.19}$$

对于小角度的进动, 方程 (8.15) 给出了解:

$$\hat{\boldsymbol{M}}_\pm\left(t\right) = -\frac{\tilde{\gamma}h_{\rm ac}{\rm e}^{\pm {\rm i}\omega t}}{(\omega-\tilde{\gamma}H)\mp {\rm i}\alpha\omega}. \tag{8.20}$$

附: 式 (8.20) 的证明. 利用式 (8.15) 和式 (8.19), 先只考虑 ${\rm e}^{{\rm i}\omega t}$ 项, 将方程 (8.15) 写成分量形式. 为简单起见, 令 $\hat{\boldsymbol{M}}$ 的 3 个分量写为 M_x, M_y, M_z,

$$\frac{\partial M_x}{\partial t} = -\tilde{\gamma}M_yH + \tilde{\gamma}h_{\rm ac}\sin\omega t - \alpha{\rm i}\omega M_y,$$

$$\frac{\partial M_y}{\partial t} = \tilde{\gamma}M_xH - \tilde{\gamma}h_{\rm ac}\cos\omega t + \alpha{\rm i}\omega M_x.$$

因为考虑磁化绕 z 轴做小角度的进动，$M_z \approx 1$，在以上公式中取为 1。第 2 式乘以 i，与第 1 式相加，得到

$$\frac{\partial M_+}{\partial t} = i\tilde{\gamma} M_+ H - i\tilde{\gamma} h_{\mathrm{ac}} e^{i\omega t} + \alpha\omega M_+ = i\omega M_+,$$

$$(\omega - \gamma H - i\alpha\omega) M_+ = \tilde{\gamma} h_{\mathrm{ac}} e^{i\omega t},$$

$$M_+ = \frac{\tilde{\gamma} h_{\mathrm{ac}} e^{i\omega t}}{(\omega - \gamma H) - i\alpha\omega}.$$

对 M_- 可类似地证明。证毕。

铁磁共振的线宽等于

$$\left(\hat{\boldsymbol{M}} \times \frac{\partial \hat{\boldsymbol{M}}}{\partial t} \right)_z = \omega \left[\hat{M}_+(t) \hat{M}(t) \right] = \frac{\omega \left(\tilde{\gamma} h_{\mathrm{ac}} \right)^2}{(\omega - \tilde{\gamma} H)^2 + (\alpha\omega)^2}. \tag{8.21}$$

附：式 (8.21) 的证明。

$$[M_+(t) M_-(t)] = (M_x + iM_y)(M_x - iM_y) = M_x^2 + M_y^2 = M_0^2,$$

$$M_x(t) = M_0 \cos\omega t, \quad M_y(t) = M_0 \sin\omega t,$$

$$\frac{\partial M_x}{\partial t} = -\omega M_0 \sin\omega t, \quad \frac{\partial M_y}{\partial t} = \omega M_0 \cos\omega t,$$

$$\left(M \times \frac{\partial M}{\partial t} \right)_z = \omega M_0^2 = \omega \left[M_+(t) M_-(t) \right].$$

证毕。

在共振时，$\omega = \tilde{\gamma} H$，电荷积累的稳态分量为

$$\delta m_z(x) = -2\pi \frac{2\mu_{\mathrm{B}} S}{a^2} [\hbar\omega N(0)] \left(\frac{\rho_{\mathrm{N}} \lambda_{\mathrm{s}}}{h/2e^2} \right) \alpha_{\mathrm{SP}} \sin^2 \Theta e^{-|x|/\lambda_{\mathrm{s}}}. \tag{8.22}$$

自旋电流

$$j_{\mathrm{mx}}^z = \frac{x}{|x|} \frac{2\mu_{\mathrm{B}} S}{a^2} \alpha_{\mathrm{SP}} \omega \sin^2 \Theta e^{-|x|/\lambda_{\mathrm{s}}}, \tag{8.23}$$

其中

$$\sin\Theta = \frac{\tilde{\gamma} h_{\mathrm{ac}}}{\alpha\omega}. \tag{8.24}$$

式 (8.23) 直接由式 (8.17) 得到。

附: 式 (8.22) 的证明。由式 (8.14),在稳态时,

$$\delta \boldsymbol{m}_z(x) = -\frac{\chi_e}{\gamma_e} \frac{1}{1+\Gamma_a^2} \left[\left(\hat{\boldsymbol{M}} \times \frac{\partial \hat{\boldsymbol{M}}}{\partial t} \right)_z \right] e^{-|x|/\lambda_s}$$

$$= -\frac{\chi_e}{\gamma_e} \frac{1}{1+\Gamma_a^2} \omega \sin^2 \Theta e^{-|x|/\lambda_s}.$$

$$\hbar\omega N(0) \left(\frac{\rho_N \lambda_s}{\hbar/2e^2} \right) = \hbar\omega N(0) \left(\frac{\lambda_s}{\hbar/2e^2} \right) \frac{1}{2e^2 N(0) D} = \frac{\omega\lambda_s}{D},$$

$$\frac{\mu_B S}{a^2} \alpha_{SP} = \frac{D}{2} \frac{1}{\lambda_s} \frac{\chi_e}{\gamma_e} \frac{1}{1+\Gamma_a^2},$$

$$\frac{\mu_B S}{a^2} \hbar\omega N(0) \left(\frac{\rho_N \lambda_s}{\hbar/2e^2} \right) \alpha_{SP} = \frac{\chi_e}{2\gamma_e} \frac{1}{1+\Gamma_a^2} \omega.$$

证毕。

8.2   自旋流的检测 [4]

由自旋泵产生的自旋流能够由反自旋霍尔效应 (ISHE) 探测,它通过自旋轨道相互作用将自旋流转变成电场 [4]:

$$E_{ISHE} = (\theta_{SHE}\rho_N) \boldsymbol{j}_s \times \boldsymbol{\sigma}. \tag{8.25}$$

其中,$\theta_{SHE} = \sigma_{SHE}/\sigma_N$ 是自旋霍尔角;σ_{SHE} 和 σ_N 分别是自旋霍尔电导率和电导率;ρ_N 是电阻率。ISHE 使得用电检测自旋流成为可能,甚至在不存在自旋积累的情况下。第一个实验是在 $Ni_{81}Fe_{19}/Pt$ 薄膜上测到的 [6]。

$Ni_{81}Fe_{19}/Pt$ 薄膜样品包含一个 10nm 厚的 $Ni_{81}Fe_{19}/Pt$ 铁磁层,0.4mm×1.2mm 长方形状,和一个 10nm 厚的 Pt 顺磁层,0.4mm×2.2mm 长方形状,见图 8.3(a)。其中 $E_{ISHE}, \boldsymbol{J}_s, \boldsymbol{\sigma}$ 分别表示由反自旋霍尔效应产生的电动力、自旋流和自旋流的自旋极化矢量。衬底是氧化硅,然后溅射 Pt 层,$Ni_{81}Fe_{19}$ 层是在高真空下蒸发到 Pt 层上。两个电极在 Pt 层的两边,样品放在微波 TE_{011} 腔的中心,该处微波模的磁场分量最大,电场分量最小。测量时腔内加频率为 $f=9.44GHz$ 的微波模,外磁场 H 垂直于样品平面。所有实验在室温下进行。

图 8.3(b) 是在 $Ni_{81}Fe_{19}/Pt$ 薄膜和 $Ni_{81}Fe_{19}$ 薄膜中铁磁共振信号 dI/dH 作为磁场 H 的函数。由图可见,加了 Pt 膜以后,谱线宽度 W 增加了,见图中插图。这说明加了 Pt 层以后磁化进动的弛豫增强了,因为 W 与 Gilbert 阻尼因子 α 成正比。自旋流的发射剥夺了磁化的自旋角动量,产生了附加的磁化进动弛豫或增加 α。由于自旋泵产生的谱线加宽 $\Delta W = W_{F/N} - W_F$ 与自旋泵的电导 $g_r^{\uparrow\downarrow}$ 有

关 [6]:

$$\Delta W = \frac{g\mu_B\omega}{2\sqrt{3}\pi M_s\gamma d_F}g_r^{\uparrow\downarrow}, \tag{8.26}$$

其中, d_F 是样品的厚度。取参数 $g=2.12$, $4\pi M_s=0.745$T, $d_F=10$nm, $\gamma=1.86\times10^{11}\text{s}^{-1}$, $\omega=5.93\times10^{10}\text{s}^{-1}$, $W_{F/N}=7.5$mT, $W_F=5.34$mT, 用式 (8.26) 计算得到的 $Ni_{81}Fe_{19}/Pt$ 界面电导为 $g_r^{\uparrow\downarrow} = 2.31\times10^{19}\text{m}^{-2}$。

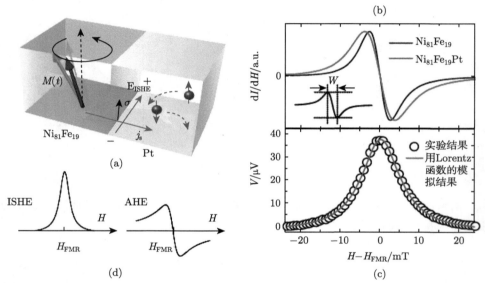

图 8.3 (a) 在 $Ni_{81}Fe_{19}/Pt$ 薄膜样品中的自旋泵和反自旋霍尔效应; (b) 在 $Ni_{81}Fe_{19}/Pt$ 薄膜和 $Ni_{81}Fe_{19}$ 薄膜中铁磁共振信号 $dI(H)/dH$ 作为磁场 H 的函数, I 是微波吸收功率; (c) $Ni_{81}Fe_{19}/Pt$ 薄膜样品中电势差 V 与磁场 H 的关系, 圆圈是实验结果, 实线是用 Lorentz 函数的模拟结果; (d) 由反自旋霍尔效应 (ISHE) 和反常霍尔效应 (AHE) 产生电动力的谱线形状

附: 求 $g_r^{\uparrow\downarrow}$ 值:

$$\Delta W = 7.58\text{mT} - 5.34\text{mT} = 2.24\text{mT} = 2.24\times10^{-3}\text{V}\cdot\text{s}\cdot\text{m}^{-2},$$

$$\frac{g\mu_B\omega}{2\sqrt{3}\pi M_s\gamma d_F} = \frac{2.12\times1.165\times10^{-29}\text{V}\cdot\text{m}\cdot\text{s}\times5.93\times10^{10}\text{s}^{-1}\times4\pi}{2\times1.732\pi\times0.745\text{T}\times1.86\times10^{11}\text{T}^{-1}\cdot\text{s}^{-1}\times10^{-8}\text{m}}$$
$$= 1.2205\times10^{-21}\text{V}\cdot\text{s},$$

$$g_r^{\uparrow\downarrow} = \frac{2.24\times10^{-3}\text{V}\cdot\text{s}\cdot\text{m}^{-2}}{1.2205\times10^{-21}\text{V}\cdot\text{s}} = 1.835\times10^{18}\text{m}^{-2},$$

与文献 [4] 中的结果 (1485 页) 不符。

当 H 和 f 满足铁磁共振条件时, 自旋极化 σ 沿磁化进动轴方向的自旋流被自旋泵注入到相邻的 Pt 层。由于 Pt 层中强的 ISHE 效应, 自旋流能转化为电场

E_{ISHE}，见式 (8.25) 和图 8.3(a)，于是测量电压就能检测到。图 8.3(c) 是在 200mW 微波激发下的 V-H 的关系，它的峰位于共振场 H_{FMR}，形状是 Lorentz 函数。

图 8.4(a) 是在 $Ni_{81}Fe_{19}/Pt$ 薄膜中不同的微波激发功率 P_{MW} 下自旋流产生的电动力 (electromotive force)V 与磁场的关系，(b) 是 V 的峰值与 P_{MW} 的关系。由图可见，V 在铁磁共振的磁场下达到极大，并且与微波功率成正比。

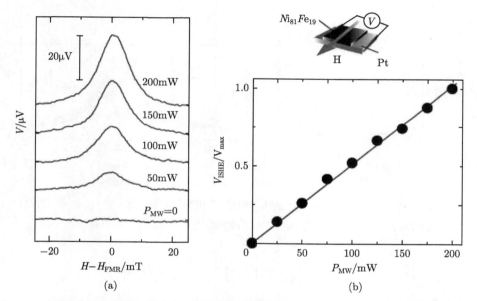

图 8.4　(a) 在 $Ni_{81}Fe_{19}/Pt$ 薄膜中不同的微波激发功率 P_{MW} 下自旋流产生的电动力 V 与磁场的关系；(b) V 的峰值与 P_{MW} 的关系

8.3　自旋流注入半导体

实验发现，自旋泵允许自旋流从 $Ni_{81}Fe_{19}$ 通过欧姆接触注入 GaAs[7]。样品是 $Ni_{81}Fe_{19}$/Zn-doped GaAs，其中 N_A=1.4×10^{19}cm^{-3}。图 8.5(a) 的电流–电压特征曲线表明在 $Ni_{81}Fe_{19}$/GaAs 界面形成欧姆接触。p-GaAs 与 $Ni_{81}Fe_{19}$ 电导率之比为 σ_N/σ_F=9.7×10^{-3}，说明这个系统中阻抗失配还是严重的。但是，在 $Ni_{81}Fe_{19}$/p-GaAs 系统中 $Ni_{81}Fe_{19}$ 层的磁化与 p-GaAs 层的载流子自旋之间的动力交换作用产生了自旋泵，注入自旋流在 FMR 条件下 GaAs 层中产生电动力 V_{ISHE}。

图 8.5 中 (b) 是 FMR 信号 $dI(H)/dH$ 与磁场 H 的关系，(c) 在 200mW 微波激发功率下电动力 V 与磁场的关系。由图可见，电动力的极大在 FMR 频率处，而且形状也是 Lorentz 型，直接证明了自旋流注入了 GaAs 层。与前面的 $Ni_{81}Fe_{19}/Pt$

情形不同, 这里的磁场 H 沿着薄膜平面, 是为了消除由微波吸收产生的热效应。

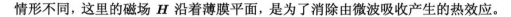

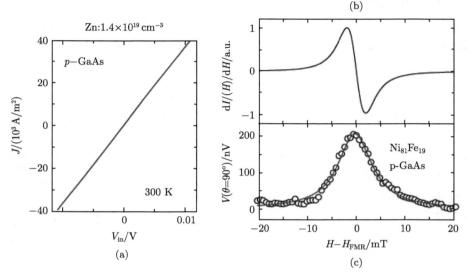

图 8.5　(a) 300 K 下 $Ni_{81}Fe_{19}$/ GaAs 结的电流–电压特征曲线; (b) FMR 信号 $dI(H)/dH$ 与磁场 H 的关系; (c) 在 200mW 微波激发功率下电动力 V 与磁场的关系

8.4　自旋流的应用 —— 磁化开关

前面介绍的自旋泵注入自旋流是非局域的, 注入效率低。Otani 等提出一种侧向自旋阀[8], 使得注入效率提高。改进的界面质量和器件结构使得自旋信号的振幅增加了一个数量级。产生的纯自旋流能够使得纳米磁体的磁化反转, 其效率和用电荷电流时一样。

一个典型的以前报道的侧向自旋阀 (LSV) 和现在的 LSV 分别如图 8.6(a) 和 (b) 所示。

利用图 8.6 所示的结构, 就能用自旋流磁化的反转。测量的非局域自旋阀相互 V/I 作为外加磁场 (平行于 Py, $Ni_{81}Fe_{19}$ 的易磁轴) 的函数示于图 8.7。非局域信

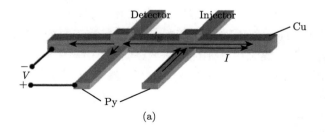

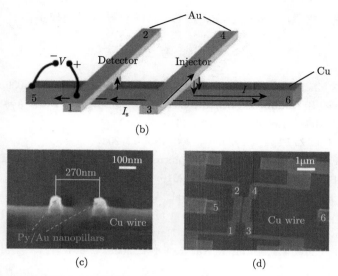

图 8.6 (a) 典型的以前报道的侧向自旋阀 (LSV); (b) 现在的 LSV; (c) 制作过程中在 Cu 线上加 2 个 Py/Au 纳米柱的扫描电子显微镜 (SEM) 图; (d) 完成样品的 SEM 图

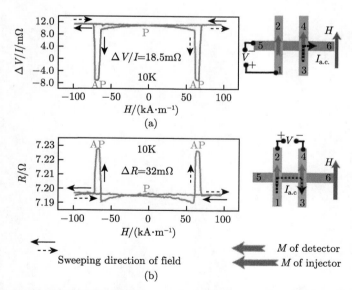

图 8.7 图 8.6(c)、(d) 样品输运测量结果: (a) 非局域自旋阀信号作为磁场的函数; (b) 局域自旋阀信号作为磁场的函数; AP 和 P 分别代表反平行和平行

号的较高和较低值对应于平行和反平行态。两者之差 $\Delta V/I$ 正比于 Cu 线中的自旋积累。巨大的非局域自旋阀信号指出在 Cu 线中有很大的自旋积累,说明了有高

的非局域注入效率，也就是在 Py 与 Cu 之间有好的界面质量。

参 考 文 献

[1] Sun J Z, Gaidis M C, O'Sullivan E J, et al. Appl. Phys. Lett., 2009, 95: 083506.

[2] Takahashi S. Handbook of Spintronics, Eds: Y. Bing Xu, D. D. Awschalom, J. Nitta, Springer Reference, Vol IV, 2016: 1445.

[3] Zhang S, Li Z. Phys. Rev. Lett., 2004, 93: 127204.

[4] Ando K, Saitoh E. Handbook of Spintronics, Eds: Y. Bing Xu, D. D. Awschalom, J. Nitta, Springer Reference, Vol IV, 2016: 1481.

[5] Saitoh E, Ueda M, Miyajima H, et al. Appl. Phys. Lett., 2006, 88: 182509.

[6] Ando K, Kajiwara Y, Takahashi S, et al. Phys. Rev. B, 2008, 78: 014413.

[7] Ando K, Takahashi S, Ieda J, et al. Nature Mater., 2011, 10, 655.

[8] Yang T, Kimura T, Otani Y. Nature Phys., 2008, 4: 851.

第9章 有限温度的福克尔-普朗克方程处理

在磁存储技术中利用自旋扭力开关快的纳秒级的写入时间是关键的。影响写入时间本质的根源是热涨落,有两个方面可能影响反演时间 τ_s。第一,当反演场或电流加上时磁矩的初始位置是热分布的,引起了开关时间的变化。第二,在反演时热涨落将修正轨道,甚至在相同的初始条件下,将引起对 τ_s 的附加涨落。为此需要用福克尔-普朗克 (Fokker-Plank) 方程解宏观自旋在热环境下的反演时间分布。

在自旋扭力驱动磁反演下宏观自旋的动力学已经被广泛研究 [1]。在单轴各向异性的极限下,当 $I \gg I_{c0}$ 时,其中 I 是流过结的电流,I_{c0} 是零温自旋扭力电流不稳定性的临界值,在时间 t 不被开关的概率为

$$E_r(t) \approx \left(\frac{\pi^2 \xi}{4} \right) \exp\left(-\frac{2t}{\tau_I} \right) + O\left[\exp\left(-\frac{\pi^2 \xi}{4} \right) \right], \tag{9.1}$$

(对 $I \gg I_{c0}$, $E_r \gg 1$ 和 $\xi \gg 1$) 其中,$\xi = mH_k/2k_BT$ 是归一化的热激活能势垒高度,m 是自由层的总磁矩,H_k 是单轴各向异性场。$\tau_I = \tau_0/(I/I_{c0} - 1)$ 是自旋扭力引起反转的特征时间标度,$\tau_0 = 1/\gamma H_k \alpha$ 是时间的自然单位,$\gamma \approx 2\mu_B/\hbar$ 是旋磁比,α 是 LLG 阻尼常数。将式 (9.1) 与实验结果比较,指出存在一个亚体积的磁激发,它经常决定开关过程,并降低了自旋扭力开关效率 [1]。

He 等对于整个问题给出了一个完全的福克尔-普朗克方程表述 [3],包括初始热分布条件和反转轨道,以估计反转时间及其分布 [2]。在单轴各向异性情况下,他们将福克尔-普朗克方程简化为一个常微分方程,它的最低本征值 λ_1 确定了最慢的开关事件。He 等用解析和数值方法计算了 λ_1,并与简单模型的结果 (9.1) 做了比较,发现在一些有用的极限条件下,基于热分布,初始磁化态的模型 (9.1) 能精确地被证实。但 He 等的数值方法是由泰勒级数展开的,我们将用勒让德函数展开 [4],收敛快,并且能同时得到基态和激发态的本征值。

本章将解由简化的福克尔-普朗克方程导出的本征值方程来研究有限温度下的自旋反转动力学问题。

9.1 简化的福克尔-普朗克方程

福克尔-普朗克方程描写系统的系综平均概率分布在一个给定环境 (温度) 和初始条件下随时间变化过程。对宏观自旋,定义概率密度函数 $P(\boldsymbol{n}_m, t) = P(\theta, \varphi, t)$,

其中 $\boldsymbol{n}_m$ 是宏观自旋的方向, (θ, φ) 是球坐标, P 是发现宏观自旋在立体角 $\sin\theta\mathrm{d}\theta\mathrm{d}\varphi$ 中的概率。福克尔–普朗克方程描写了这个概率 P 作为空间 (在一个单位球的表面) 和时间的函数的动力学流。

$$\frac{\partial P}{\partial t} + \nabla \cdot \boldsymbol{J} - D\nabla^2 P = 0, \tag{9.2}$$

$$\boldsymbol{J} = P\frac{\mathrm{d}\boldsymbol{n}_m}{\mathrm{d}t}. \tag{9.3}$$

其中, $\boldsymbol{J}$ 是概率流的弹道 (零温) 部分, $D\nabla^2 P = \nabla \cdot J_{\mathrm{D}}$ 是扩散部分, $\boldsymbol{J}_{\mathrm{D}} = D\nabla P$。常数 D 是概率相空间中的扩散系数 $D = \gamma\alpha k_{\mathrm{B}}T/m$[2]。$\mathrm{d}\boldsymbol{n}_m/\mathrm{d}t$ 由包含自旋扭力项的 LLG 方程确定,

$$\frac{1}{\gamma}\left(\frac{\mathrm{d}\boldsymbol{n}_{\mathrm{m}}}{\mathrm{d}t} + \alpha\boldsymbol{n}_{\mathrm{m}} \times \frac{\mathrm{d}\boldsymbol{n}_{\mathrm{m}}}{\mathrm{d}t}\right) = \boldsymbol{n}_{\mathrm{m}} \times \boldsymbol{H}_{\mathrm{eff}} + \left(\frac{I_{\mathrm{s}}}{m}\right)\boldsymbol{n}_{\mathrm{m}} \times (\boldsymbol{n}_{\mathrm{m}} \times \boldsymbol{n}_{\mathrm{s}}). \tag{9.4}$$

方程 (9.2)、(9.3) 和 (9.4) 给出一组联立方程, 求解可以得到 $P(\theta, \varphi, t)$。这组方程原则上可以数值求解, 但这里利用简化的福克尔–普朗克方程 [3]。

考虑一个系综时间有关的磁化概率密度 $P(\boldsymbol{n}_{\mathrm{m}}, t)$。磁化的单位矢量 $\boldsymbol{n}_{\mathrm{m}}$ 由极化角 (θ, φ) 表示。在电流或磁场加上以前, 概率密度取平衡值。对单轴各向异性情况, P 的初始值为

$$P(n_{\mathrm{m}}, 0) = \begin{cases} P_0 \exp\left(-\xi\sin^2\theta\right), & 0 \leqslant \theta \leqslant \pi/2, \\ 0, & \pi/2 < \theta \leqslant \pi, \end{cases} \tag{9.5}$$

其中, $\xi = mH_{\mathrm{k}}/2k_{\mathrm{B}}T$ 是归一化的热激发势垒高度; H_{k} 是单轴各向异性场; P_0 是归一化常数, 由 $\displaystyle\int_0^{\pi} P\sin\theta\mathrm{d}\theta = 1$ 确定。

概率流是由 LLG 方程 (9.4) 驱动的,

$$\boldsymbol{J} = P\frac{\mathrm{d}\boldsymbol{n}_{\mathrm{m}}}{\mathrm{d}t} = \gamma P\boldsymbol{n}_{\mathrm{m}} \times [\boldsymbol{H}_{\mathrm{e}} - \alpha\boldsymbol{n}_{\mathrm{m}} \times (\boldsymbol{H}_{\mathrm{e}} - \boldsymbol{H}_{\mathrm{s}})], \tag{9.6}$$

其中

$$\boldsymbol{H}_{\mathrm{s}} = Ip\left(\frac{\hbar}{2e}\right)\left(\frac{1}{\alpha m}\right)\boldsymbol{n}_{\mathrm{s}} \tag{9.7}$$

是自旋扭力磁场; I 是电流密度; p 是自旋极化系数, 在福克尔–普朗克方程的简化处理中, 假定外磁场 H 和 $\boldsymbol{n}_{\mathrm{s}}$ 平行于易磁轴 z, 也就是 $\boldsymbol{H}_{\mathrm{e}} = (H + H_{\mathrm{k}}\cos\theta)\boldsymbol{e}_z$, 以及 $\boldsymbol{n}_{\mathrm{s}} = \boldsymbol{e}_z$, $H_{\mathrm{k}} = 2K/M_{\mathrm{s}}$ 是各向异性场, K 是各向异性常数, 它的量纲是 [能量/体积], 单位是 $\mathrm{J\cdot m^{-3}}$, M_{s} 是饱和磁化, 零温下等于 $N\mu_{\mathrm{B}}$。

附: 主要铁磁金属的有关参量 (见《磁学》435 页)。

表 9.1   3d 金属在 4.2K 时的原子体积 V_a、形状各向异性 $E_D = M^2/2\mu_0$、

磁各向异性常数 K_u、以及易磁化轴

金属	$V_a/\text{Å}^3$	$E_D/(\text{eV/atom})$	$K_u/(\text{eV/atom})$	易磁化轴
Fe(bcc)	11.8	1.4×10^{-4}	4.0×10^{-6}	[100]
Co(hcp)	11.0	9.3×10^{-5}	5.3×10^{-5}	c 轴
Ni(fcc)	10.9	1.2×10^{-5}	-8.6×10^{-6}	[111]

表 9.2   3d 金属在 4.2K 时的饱和磁化

金属	Fe	Co	Ni
M/T	2.199	1.834	0.665

对金属 Fe, 原子体积 $V_a = 11.8\text{Å}^3 = 1.18\times10^{-29}\ \text{m}^3$,

$$K = 4.0\times10^{-6}\text{eV/atom} = 4.0\times10^{-6}\times1.602\times10^{-19}\text{J}/(1.18\times10^{-29}\text{m}^3) = 5.431\times10^4\text{J}\cdot\text{m}^{-3},$$

每立方米的原子 (自旋) 数 $N = 1/V_a = 1/1.18\times10^{-29}\text{m}^3 = 8.475\times10^{28}\text{m}^{-3}$,

$$M_s = N\mu_B = 8.475\times10^{28}\text{m}^{-3}\times1.165\times10^{-29}\text{V}\cdot\text{m}\cdot\text{s} = 0.9873\text{V}\cdot\text{m}\cdot\text{s}^{-2},$$

$$H_k = 2\times5.431\times10^4\text{V}\cdot\text{A}\cdot\text{s}\cdot\text{m}^{-3}/0.9873\text{V}\cdot\text{s}\cdot\text{m}^{-2} = 1.100\times10^5\text{A/m},$$

形状各向异性能量

$$E_D = M^2/2\mu_0 = (2.199\text{V}\cdot\text{s}\cdot\text{m}^{-2})^2/[2\times(4\pi\times10^{-7}\text{V}\cdot\text{s}\cdot\text{A}^{-1}\text{m}^{-1})]$$
$$= 1.924\times10^6\text{V}\cdot\text{s}\cdot\text{A}\cdot\text{m}^{-3}.$$

化成表 9.1 中的单位: eV/atom, $1\text{eV} = 1.602\times10^{-19}\text{V}\cdot\text{s}\cdot\text{A}$, $1V_a = 1.18\times10^{-29}\text{m}^3$,

$$E_D = 1.924\times10^6\text{V}\cdot\text{s}\cdot\text{A}\cdot\text{m}^{-3} = 1.924\times10^6\times\frac{1}{1.602\times10^{-19}}\times1.18\times10^{-29}$$
$$= 1.417\times10^{-4}\text{eV/atom}.$$

由式 (3.52), 磁各向异性能量为

$$F_a = K_0 + K_1\sin^2\gamma.$$

其中, 忽略了各向异性能量的高级项, γ 是磁化与易磁轴之间的夹角。作用在磁化上的有效磁矩是

$$\frac{\partial F_a}{\partial\gamma} = 2K_1\sin\gamma\cos\gamma.$$

假定磁各向异性在易磁轴方向产生一个有效内部场 H_k, 它对磁化作用一个转矩:

$$\boldsymbol{M}\times\boldsymbol{H}_k = MH_k\sin\gamma.$$

因此得到有效内部场的大小：

$$H_{\mathrm{k}} = \frac{2K_1}{M}\cos\gamma.$$

有效内部场和一般的外场不同，它还与磁化的方向 $\cos\gamma$ 有关，也就是与 m_z 有关。一般情况下，内部场由式 (3.63) 给出，$H_{1z} \gg H_{1x}, H_{1y}$。

在球坐标中，福克尔–普朗克方程的第 2 项为

$$\nabla \cdot \boldsymbol{J} = \frac{1}{r^2}\frac{\partial}{\partial r}\left(r^2 J_1\right) + \frac{1}{r\sin\theta}\frac{\partial}{\partial\theta}\left(\sin\theta J_2\right) + \frac{1}{r\sin\theta}\frac{\partial J_3}{\partial\phi}. \tag{9.8}$$

由式 (9.6)，概率流 $\boldsymbol{J}$ 的第 1 项，令 $\boldsymbol{n}_{\mathrm{m}} = \cos\theta\boldsymbol{e}_z + \sin\theta\boldsymbol{e}_y$，则

$$\begin{aligned}\boldsymbol{J} &= -\gamma P\boldsymbol{n}_{\mathrm{m}} \times \boldsymbol{H}_{\mathrm{e}} = -\gamma P\left(\cos\theta\boldsymbol{e}_z + \sin\theta\boldsymbol{e}_y\right) \times H_{\mathrm{e}}\boldsymbol{e}_z \\ &= \gamma P\sin\theta H_{\mathrm{e}}\boldsymbol{e}_\varphi.\end{aligned} \tag{9.9}$$

概率流 $\boldsymbol{J}$ 的第 2 项，

$$\begin{cases} \boldsymbol{J} = -\gamma P\alpha\boldsymbol{n}_{\mathrm{m}} \times \boldsymbol{n}_{\mathrm{m}} \times \left(H_{\mathrm{e}} - H_{\mathrm{s}}\right)\boldsymbol{e}_z, \\ \boldsymbol{n}_{\mathrm{m}} \times \boldsymbol{e}_z = -\sin\theta\boldsymbol{e}_\varphi, \\ \boldsymbol{n}_{\mathrm{m}} \times \left(\boldsymbol{n}_{\mathrm{m}} \times \boldsymbol{e}_z\right) = \sin\theta\boldsymbol{e}_\theta. \end{cases} \tag{9.10}$$

所以 $J_1 = 0$，$J_2 = -\gamma P\alpha(H_{\mathrm{e}} - H_{\mathrm{s}})\sin\theta$，$J_3 = \gamma PH_{\mathrm{e}}\sin\theta$。代入式 (9.8)，只有第 2 项不等于 0。令 $x = \cos\theta$，则

$$\begin{cases} -\nabla \cdot \boldsymbol{J} = \dfrac{\alpha\gamma}{m}\dfrac{\partial}{\partial x}\left[\left(1 - x^2\right)\dfrac{\partial U_{\mathrm{e}}}{\partial x}P\right], \\ U_{\mathrm{e}} = \left(H_{\mathrm{s}} - H\right)mx - \left(H_{\mathrm{k}}/2\right)mx^2. \end{cases} \tag{9.11}$$

下面考虑温度项 $D\nabla^2 P$，在球坐标中，

$$\nabla^2 P = \frac{1}{r^2}\left(\frac{\partial}{\partial r}r^2\frac{\partial P}{\partial r}\right) + \frac{1}{r^2\sin\theta}\frac{\partial}{\partial\theta}\left(\sin\theta\frac{\partial P}{\partial\theta}\right) + \frac{1}{r^2\sin^2\theta}\frac{\partial^2 P}{\partial\varphi^2}. \tag{9.12}$$

假定 P 只是 θ 的函数，得到

$$D\nabla^2 P = \frac{\alpha\gamma}{m}\frac{\partial}{\partial x}\left[\left(1 - x^2\right)k_{\mathrm{B}}T\frac{\partial P}{\partial x}\right]. \tag{9.13}$$

连同式 (9.10)，福克尔–普朗克方程 (9.2) 就可写成一个一维偏微分方程：

$$\frac{\partial P}{\partial t} = \frac{\alpha\gamma}{m}\frac{\partial}{\partial x}\left[\left(1 - x^2\right)\left(\frac{\partial U_{\mathrm{e}}}{\partial x}P + k_{\mathrm{B}}T\frac{\partial P}{\partial x}\right)\right]. \tag{9.14}$$

用分离变量的方法解方程 (9.14)。令 $P(x,t) = f(t)u(x)$，代入式 (9.14)，得到 f 和 u 的方程：

$$\frac{u\partial f}{\partial t} = \frac{\alpha\gamma f}{m}\frac{\partial}{\partial x}\left[\left(1-x^2\right)\left(\frac{\partial U_\mathrm{e}}{\partial x}u + k_\mathrm{B}T\frac{\partial u}{\partial x}\right)\right],$$

$$\frac{\partial f}{f\partial t} = \frac{\alpha\gamma}{mu}\frac{\partial}{\partial x}\left[\left(1-x^2\right)\left(\frac{\partial U_\mathrm{e}}{\partial x}u + k_\mathrm{B}T\frac{\partial u}{\partial x}\right)\right] = -\lambda.$$

其中，第 2 个方程的左边和右边分别只与 t 和 x 有关，令它们等于一个常数 $-\lambda$，得到

$$\begin{cases} f\left(t\right) = \mathrm{e}^{-\lambda t}, \\ \dfrac{\alpha\gamma}{m}\dfrac{\mathrm{d}}{\mathrm{d}x}\left[\left(1-x^2\right)\left(\dfrac{\mathrm{d}U_\mathrm{e}}{\mathrm{d}x}u + k_\mathrm{B}T\dfrac{\mathrm{d}u}{\mathrm{d}x}\right)\right] = -\lambda u, \end{cases} \tag{9.15}$$

其中，u 的方程是一个本征值方程。令

$$F\left(x\right) = \mathrm{e}^{\beta U_\mathrm{e}(x)}u\left(x\right), \quad c = \frac{\lambda m}{\alpha\gamma k_\mathrm{B}T} \tag{9.16}$$

将方程 (9.15) 化成无量纲的，其中 $\beta = 1/k_\mathrm{B}T$，

$$\mathrm{e}^{\beta U_\mathrm{e}}\frac{\mathrm{d}}{\mathrm{d}x}\left[\left(1-x^2\right)\mathrm{e}^{-\beta U_\mathrm{e}}\frac{\mathrm{d}F}{\mathrm{d}x}\right] = -cF. \tag{9.17}$$

证明：c 是无量纲的，

$$\lambda \sim 1\mathrm{s}^{-1}, \quad m \sim \mathrm{Vsm}, \quad k_\mathrm{B}T \sim \mathrm{VAs},$$

$$c \sim \frac{\mathrm{Vsm}}{s\cdot\gamma\cdot\mathrm{VAs}} = \frac{1}{s\cdot\gamma\cdot(\mathrm{A/m})} = \frac{1}{s\cdot\gamma H} = 1.$$

于是原来的福克尔–普朗克方程 (9.2) 化成了标准的本征值方程 (9.17)。注意到 $x = \cos\theta$，$0 \leqslant \theta \leqslant \pi$，因此 x 的定义域为 $-1 \leqslant x \leqslant 1$。解方程 (9.17)，求得本征函数 $F(x) = F_n(x)$ 和本征值 $\lambda = \lambda_n(n = 1, 2, 3, \cdots)$，方程 (9.14) 的一般解为

$$P\left(x,t\right) = \sum_{n=1} A_n\mathrm{e}^{-\beta U_\mathrm{e}(x)}F_n\left(x\right)\mathrm{e}^{-\lambda_n t}, \tag{9.18}$$

其中的展开系数 A_n 由 P 的初始值 (9.4) 决定：

$$A_n = \int_0^1 \mathrm{d}x P\left(x,0\right) F_n\left(x\right). \tag{9.19}$$

现在需要解本征值方程 (9.17)。在文献 [3] 中将 $F(x)$ 用幂级数展开，事实上在 $[-1,1]$ 的定义域上有现成的完备函数组：勒让德函数 (Legendre function)[4] $P_m(x)$，因此我们就用勒让德函数展开 $F(x)$[5]：

$$F\left(x\right) = \sum_{m=1} D_m P_m\left(x\right). \tag{9.20}$$

将式 (9.20) 代入方程 (9.17), 两边乘以 $P_n(x)$, 并对 x 积分从 -1 至 $+1$, 从方程右边得到

$$-cD_n\frac{2}{2n+1}\delta_{nm},\tag{9.21}$$

其中, 利用了文献 [4] 中 162 页, 勒让德函数的正交积分。方程左边的积分为

$$\int_{-1}^{1} P_n e^{\beta U_e}\frac{\mathrm{d}}{\mathrm{d}x}\left[(1-x^2)\,e^{-\beta U_e}\sum_m D_m P_m'\right]\mathrm{d}x$$

$$=-\int_{-1}^{1}(1-x^2)\,e^{-\beta U_e}\sum_m D_m P_m'\cdot\frac{\mathrm{d}}{\mathrm{d}x}\left[P_n e^{\beta U_e}\right]\mathrm{d}x.\tag{9.22}$$

上式包括两项, 第 1 项等于 (先不考虑积分前的负号)

$$\int_{-1}^{1}(1-x^2)\sum_m D_m P_m' P_n'\mathrm{d}x$$

$$=-\sum_m D_m\int_{-1}^{1}P_n\frac{\mathrm{d}}{\mathrm{d}x}\left[(1-x^2)\,P_m'\right]\mathrm{d}x$$

$$=\sum_m D_m m\,(m+1)\int_{-1}^{1}P_n P_m\mathrm{d}x=D_n\frac{2n\,(n+1)}{2n+1}\delta_{nm}.\tag{9.23}$$

其中利用了文献 [4] 中第 161 页,

$$\frac{\mathrm{d}}{\mathrm{d}x}\left[(1-x^2)\,P_m'\right]=-m\,(m+1)\,P_m.\tag{9.24}$$

式 (9.22) 中第 2 项等于

$$\int_{-1}^{1}(1-x^2)\sum_m D_m P_m'\frac{\mathrm{d}\beta U_e}{\mathrm{d}x}P_n\mathrm{d}x.\tag{9.25}$$

由式 (9.11),

$$\frac{\mathrm{d}\beta U_e}{\mathrm{d}x}=\eta x+\varsigma,$$
$$\eta=-H_k\beta m,\quad \varsigma=(H_s-H)\,\beta m.\tag{9.26}$$

利用文献 [4] 中第 160 页,

$$(x^2-1)\,P_n'=nxP_n-nP_{n-1}.\tag{9.27}$$

将式 (9.26) 和式 (9.27) 代入式 (9.25), 得到

$$\sum_m D_m\int_{-1}^{1}(mP_{m-a}-mxP_m)\,(\eta x+\varsigma)P_n\mathrm{d}x.\tag{9.28}$$

再利用文献 [4] 中的第 160 页,

$$xP_n = \frac{1}{2n+1}\left[(n+1)P_{n+1} + nP_{n-1}\right]. \tag{9.29}$$

最后积分式 (9.28) 等于

$$\int_{-1}^{1} \mathrm{d}x \frac{m(m+1)}{2m+1}(P_{m-1} - P_{m+1})\left[\frac{\eta(n+1)}{2n+1}P_{n+1} + \zeta P_n + \frac{\eta n}{2n+1}P_{n-1}\right]$$

$$= \frac{m(m+1)}{2m+1}\left[\frac{\eta(n+1)}{2n+1}\frac{2}{2n+3}\delta_{m-2,n} + \zeta\frac{2}{2n+1}\delta_{m-1,n} + \frac{\eta n}{2n+1}\frac{2}{2n-1}\delta_{m,n}\right.$$

$$\left. - \frac{\eta(n+1)}{2n+1}\frac{2}{2n+3}\delta_{m,n} - \zeta\frac{2}{2n+1}\delta_{m+1,n} - \frac{\eta n}{2n+1}\frac{2}{2n-1}\delta_{m+2,n}\right]. \tag{9.30}$$

因此久期方程的矩阵元包括两部分: 对角部分式 (9.23), 对角和非对角部分式 (9.30)。

注意到这个久期方程的右端式 (9.21) 包含变量 n, 所以不是标准的久期方程 $AX = cX$。利用归一化的勒让德函数 $p_m(x)$ 代替通常的勒让德函数 $P_m(x)$,

$$p_m(x) = \sqrt{\frac{2m+1}{2}}P_m(x), \tag{9.31}$$

于是有

$$\int_{-1}^{1} p_m(x)\,p_n(x)\,\mathrm{d}x = \delta_{mn}. \tag{9.32}$$

利用归一化的勒让德函数, 得到久期方程 $AX = cX$, 它的对角部分矩阵元式 (9.23) 变为 $n(n+1)\delta_{nm}$, 非对角部分式 (9.30) 变为

$$\frac{m(m+1)}{2m+1}\left[\frac{\eta(n+1)}{2n+1}\delta_{m-2,n} + \zeta\delta_{m-1,n} + \frac{\eta n}{2n+1}\delta_{m,n}\right.$$

$$\left. - \frac{\eta(n+1)}{2n+1}\delta_{m,n} - \zeta\delta_{m+1,n} - \frac{\eta n}{2n+1}\delta_{m+2,n}\right]. \tag{9.33}$$

由式 (9.16), 本征值 $c = \frac{\lambda m}{\alpha\gamma k_B T}$, 包含了温度因子。令 $\frac{1}{\tau_0} = \alpha\gamma(H + H_k)$, 则 $c = \lambda\tau_0\beta m(H + H_k)$。将久期方程各项都除以 $\xi = \beta m(H + H_k)$, 则本征值变为 $c = \lambda\tau_0$, 久期方程中的常数 η 和 ζ (见式 (9.26)) 变为

$$\begin{cases} \eta' = \dfrac{\eta}{\beta m(H + H_k)} = \dfrac{-H_k\beta m}{\beta m(H + H_k)} = -\dfrac{H_k}{H + H_k}, \\ \zeta' = \dfrac{\zeta}{\beta m(H + H_k)} = \dfrac{\beta m(H_s - H)}{\beta m(H + H_k)} = \dfrac{H_s - H}{H + H_k} = \dfrac{H_s}{H} - 1 = \dfrac{I}{I_c} - 1. \end{cases} \tag{9.34}$$

因为 $H_k \ll H$。温度关系只包含在对角项式 (9.23) 中: $\dfrac{n(n+1)}{\beta m(H + H_k)}\delta_{nm}$ 中。下面看

分母的数量级，由表 9.2，Fe 的饱和磁化 $M=2.199$，$T=2.199\mathrm{V \cdot s \cdot m^{-2}}$。如果样品的体积为 V，则样品的总磁矩 $m=MV$（《磁学》，59 页）。如果取 $V=(250\times250\times10)\mathrm{nm^3}=6.25\times10^{-22}\mathrm{m^3}$，则样品的总磁矩 $m=2.199\times6.25\times10^{-22}\mathrm{V \cdot s \cdot m}=1.374\times10^{-21}\mathrm{V \cdot s \cdot m}$。再取 $H=10^6\mathrm{A/m}$，$H_{\mathrm{k}}=10^4\mathrm{A/m}$，则

$$\beta m\left(H+H_{\mathrm{k}}\right)=\beta \cdot 1.374\times10^{-23}\mathrm{V \cdot s \cdot m}\times1.01\times10^6\mathrm{A \cdot m^{-1}}$$
$$=\beta \cdot 1.388\times10^{-17}\mathrm{V \cdot A \cdot s}=\frac{10^6}{T(K)}. \tag{9.35}$$
$$1\mathrm{eV}=11605\mathrm{K}=1.602\times10^{-19}\mathrm{V \cdot A \cdot s}.$$

因此，如果温度为室温，则分母的因子约为 10^3，所以温度的影响不大。温度的影响还与样品体积有关，因为样品磁矩 m 与体积 V 成正比，体积越大，温度影响越小；体积越小，温度影响明显。

在式 (9.32) 中，自旋扭力场

$$H_{\mathrm{s}}=\left(\frac{\hbar}{2e}\right)\frac{Ip}{\alpha m}, \tag{9.36}$$

其中，I 是驱动自旋反转的电流；p 是电流的自旋极化率；α 是阻尼因子；m 是磁矩。取 $I=1\mathrm{mA}$，$p=1$，$\alpha=0.02$，$m=1.374\times10^{-23}\mathrm{V \cdot s \cdot m}$，$\eta/2e=3.28\times10^{-16}\mathrm{V \cdot s}$，得到 $H_{\mathrm{s}}=1.194\times10^6\mathrm{A \cdot m^{-1}}$。本征临界电流

$$I_{\mathrm{c}}=\left(\frac{2e}{\hbar}\right)\left(\frac{\alpha}{p}\right)m\left(H+H_{\mathrm{k}}\right). \tag{9.37}$$

仍取以上各个参量，得到 $I_{\mathrm{c}}=0.8462\mathrm{mA}$，比自旋反转电流 $1\mathrm{mA}$ 稍小。计算时间单位 τ_0，

$$\frac{1}{\tau_0}=\alpha\gamma\left(H+H_{\mathrm{k}}\right) \tag{9.38}$$

利用以上参量，以及旋磁比 $\gamma=176\mathrm{GHz/T}$，得到 $\tau_0=2.462\mathrm{ns}$。

9.2　计　算　结　果

9.2.1　本征值方程的收敛性

本征值方程是将概率函数 $f(x)$ 按勒让德函数展开得到的，见式 (9.20)。展开项数为有限值，下面就考察结果对所取项数的收敛性。取参数 $\eta'=-0.01$，$\zeta'=2.0$，$1/\xi=0.01$，计算第一和第二本征值随所取项数 N 的变化，结果列于表 9.3。

表 9.3　第一和第二本征值随所取项数 N 的变化

N	40	60	80	100	200
Real $(\lambda\tau_0)_1$	1.77373	1.86045	1.86045	1.86045	1.86045
Imag $(\lambda\tau_0)_1$	0.19432				
Real $(\lambda\tau_0)_2$	2.07068	2.10930	2.10930	2.10930	2.10930
Imag $(\lambda\tau_0)_2$	0.79618				

由表 9.3 可见，当展开项数大于 60 时，结果趋于稳定；当小于 60 时，如取 $N = 40$，则本征值就变成复数。以后在计算中取 $N = 100$。在文献 [4] 中用泰勒级数 x^n 对 $f(x)$ 展开，当 $N \geqslant 300$ 时才得到收敛的结果。

9.2.2　电流 (I/I_c-1) 的效应

取 3 组参数：$\eta'=-0.01$, $1/\xi=0.01$；$\eta'=-0.01$, $1/\xi=0.1$；$\eta'=-0.1$, $1/\xi=0.01$，计算了第一和第二本征值 $c = \lambda\tau_0$ 作为 $\zeta'=I/I_c - 1$ 的函数，结果分别示于图 9.1 和图 9.2 中。

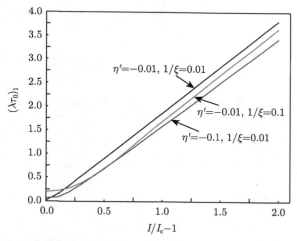

图 9.1　3 组参数下第一本征值 $c_1 = \lambda_1\tau_0$ 作为 $\zeta'=I/I_c - 1$ 的函数

由图 9.1 和图 9.2 可见，第一本征值随 $\zeta'=I/I_c-1$ 增加而线性增加，也就是随着外加电流 I 的增加，概率衰减系数 λ 增加，系统更稳定。其他两个参数对结果影响不大，例如 η' 和 $1/\xi$ 相差 10 倍，结果相差不大。更细致一些，由式 (9.35)，$1/\xi$ 与温度 T 成正比，如果 η' 相同，$1/\xi$ 由 0.01 增加到 0.1，则本征值 $(\lambda\tau_0)_1$ 减小。如果温度 $1/\xi$ 相同，η' 绝对值由 0.01 增加到 0.1，也就是内部场 H_k 增加，则本征值 $(\lambda\tau_0)_1$ 减小。

图 9.2 第二个本征值的情况有点复杂。对 $\eta'=-0.1$, $1/\xi=0.01$ 的最上端的曲线不是平滑的，因为在 $0.3 \leqslant I/I_c - 1 \leqslant 0.7$ 的范围内本征值 $(\lambda\tau_0)_2$ 是复数，图上画

的只是实部。从物理上讲，复数的本征值代表概率函数不仅随时间衰减，而且还振荡。$\eta'=-0.1$ 表示内部场 H_k 较大。图 9.2 下面两条曲线的本征值都是实数，说明内部场不能太大，同时当温度 $(1/\xi)$ 高时，本征值 $(\lambda\tau_0)_2$ 减小。当 $\eta'=-0.1$，$1/\xi=0.01$ 时，在 $0.3 \leqslant I/I_c - 1 \leqslant 0.7$ 的范围内本征值 $(\lambda\tau_0)_2$ 列于表 9.4。

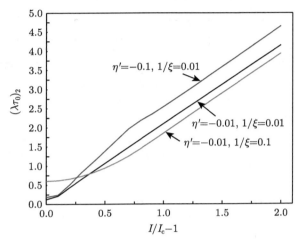

图 9.2   3 组参数下第二本征值 $c_2 = \lambda_2\tau_0$ 作为 $\zeta'=I/I_c - 1$ 的函数

表 9.4   在 $0.3 \leqslant I/I_c - 1 \leqslant 0.7$ 的范围内的本征值 λ_2

$I/I_c - 1$	0.3	0.4	0.5	0.6	0.7
Real $(\lambda\tau_0)_2$	0.82427	1.10233	1.38818	1.67779	0.96949
Imag $(\lambda\tau_0)_2$	0.11294	0.16191	0.18160	0.17500	0.13333

9.2.3   内部场 H_k 的效应

我们固定 $I/I_c - 1 = 0, 0.5, 1.0, 1.5$ 和 2.0，以及 $1/\xi=0.01$，计算第一和第二本征值作为 $-\eta'$ 的函数。由式 (9.32) 可见，假定 $H_k \ll H$，则 $-\eta'$ 与 H_k 成正比。图 9.3 和图 9.4 分别是本征值 $(\lambda\tau_0)_1$ 和 $(\lambda\tau_0)_2$ 作为 $-\eta'$ 的函数对 $I/I_c - 1 = 0, 0.5, 1.0, 1.5$ 和 2.0，以及 $1/\xi=0.01$。

由图 9.3 可见，随着 $H_k(-\eta')$ 的增加，$(\lambda\tau_0)_1$ 减小，除了 $I/I_c=1$ 的情况。整个趋势与文献 [3] 中的图 1 是一致的。在图 9.4 中，由于 $(\lambda\tau_0)_2$ 是复数，图上画的是实部，因此曲线不是平滑的。对 $I/I_c=1.5$，本征值 $(\lambda\tau_0)_2$ 在 $-0.07 \leqslant \eta' \leqslant -0.19$ 范围内是复的。对 $I/I_c=2.0$，本征值 $(\lambda\tau_0)_2$ 在 $-0.13 \leqslant \eta'$ 范围内是复的。对 $I/I_c=2.5$，本征值在 $(\lambda\tau_0)_2$ 在 $-0.19 \leqslant \eta'$ 范围内是复的。$(\lambda\tau_0)_2$ 的整个变化趋势与 $(\lambda\tau_0)_1$ (图 9.3) 是相反的，随着 E_k 增加，$(\lambda\tau_0)_2$ 增加。

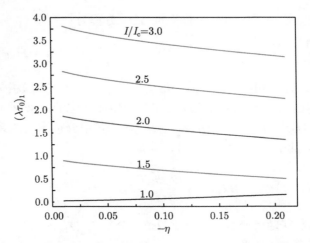

图 9.3 本征值 $(\lambda\tau_0)_1$ 作为 $-\eta'$ 的函数对 $I/I_c - 1 = 0, 0.5, 1.0, 1.5$ 和 2.0，以及 $1/\xi = 0.01$

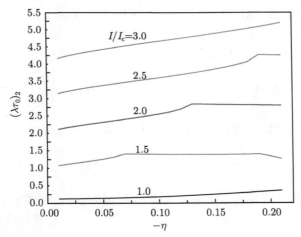

图 9.4 本征值 $(\lambda\tau_0)_2$ 作为 $-\eta'$ 的函数对 $I/I_c - 1 = 0, 0.5, 1.0, 1.5$ 和 2.0，以及 $1/\xi = 0.01$

用勒让德函数展开求解简化的福克尔–普朗克方程，与泰勒级数展开[3]相比，具有较快的收敛速度和清楚的物理含义。求得的本征值可以是复数，表示概率密度 P 不仅随时间衰减，而且可能随时间振荡。

9.3 有限温度的宏观自旋动力学 [2]

在有限温度下和热平衡时，宏观自旋有一定概率分布在能量势极小附近，由玻

尔兹曼分布描述。这种系统的时间有关的 LLG 方程为

$$\left(\frac{1}{\gamma}\right)\frac{\mathrm{d}\boldsymbol{m}}{\mathrm{d}t} = \boldsymbol{m}\times(\boldsymbol{H}_{\mathrm{eff}}+\boldsymbol{H}_{\mathrm{L}}) - \left(\frac{\alpha}{m}\right)\boldsymbol{m}\times(\boldsymbol{m}\times\boldsymbol{H}_{\mathrm{eff}}). \tag{9.39}$$

与零温下的 LLG 方程相比，多了一个磁场项 $\boldsymbol{H}_{\mathrm{L}}$，它是一个随机矢量场，又称为郎之万场。它描述了由于系统与热库的相互作用而产生的热涨落。可以在直角坐标系中写 $\boldsymbol{H}_{\mathrm{L}}$，$\boldsymbol{H}_{\mathrm{L}}=H_{\mathrm{L}x}\boldsymbol{e}_x+H_{\mathrm{L}y}\boldsymbol{e}_y+H_{\mathrm{L}z}\boldsymbol{e}_z$，其中分量满足关系 $\langle H_{\mathrm{L}i}\rangle=0$ 和 $\langle H_{\mathrm{L}i}H_{\mathrm{L}j}\rangle=H_{\mathrm{L}}^2$，其中 $\{i,j\}\in\{x,y,z\}$，振幅

$$H_{\mathrm{L}i} = \sqrt{\frac{2\alpha k_{\mathrm{B}}T}{\gamma m}}\,\boldsymbol{I}_{\mathrm{ran},i}\,(t). \tag{9.40}$$

其中，$\boldsymbol{I}_{\mathrm{ran}}(t)$ 是高斯随机函数，它的前两个矩分别为 $\langle\boldsymbol{I}_{\mathrm{ran}}(t)\rangle=0$ 和 $\langle\boldsymbol{I}_{\mathrm{ran}}^2(t)\rangle=1$，3 个分量的涨落是不关联的。

　　郎之万场的数量级，取 $T=300\mathrm{K}$, $m=1.374\times10^{-23}\mathrm{V\cdot s\cdot m}$, $\gamma=2.21\times10^5(\mathrm{A\cdot m^{-1}}\cdot\mathrm{s})^{-1}$，得到 $H_{\mathrm{L}}=0.7386\times10^{-2}\mathrm{A\cdot m^{-1}}$。首先，单位除了 $\mathrm{A\cdot m^{-1}}$ 外，还差一个因子 $\sqrt{s}$；其次 H_{L} 数值很小，在室温下只有 $10^{-2}\mathrm{A\cdot m^{-1}}$。

　　当有自旋扭力电流时，LLG 方程可写为

$$\left(\frac{1}{\gamma}\right)\frac{\mathrm{d}\boldsymbol{m}}{\mathrm{d}t} = \boldsymbol{m}\times(\boldsymbol{H}_{\mathrm{eff}}+\boldsymbol{H}_{\mathrm{L}}) - \left(\frac{\alpha}{m}\right)\boldsymbol{m}\times(\boldsymbol{m}\times\boldsymbol{H}_{\mathrm{eff}}) + \left(\frac{I_{\mathrm{s}}}{m^2}\right)\boldsymbol{m}\times(\boldsymbol{m}\times\boldsymbol{n}_{\mathrm{s}}). \tag{9.41}$$

如果有效磁场与固定层内磁矩的方向 $\boldsymbol{n}_{\mathrm{s}}$ 是一致的，则方程 (9.39) 可写为

$$\left(\frac{1}{\gamma}\right)\frac{\mathrm{d}\boldsymbol{m}}{\mathrm{d}t} = \boldsymbol{m}\times(\boldsymbol{H}_{\mathrm{eff}}+\boldsymbol{H}_{\mathrm{L}}) - \left(\frac{\tilde{\alpha}}{m}\right)\boldsymbol{m}\times(\boldsymbol{m}\times\boldsymbol{H}_{\mathrm{eff}}). \tag{9.42}$$

其中表观的阻尼因子 $\tilde{\alpha}=\alpha-I_{\mathrm{s}}/mH$ 取自旋电流修正值。没有涨落的自旋电流将不改变 H_{L}，因此我们在存在自旋扭力的情况下得到一个有效的温度：

$$\sqrt{\frac{2\alpha k_{\mathrm{B}}T}{\gamma m}} = \sqrt{\frac{2\tilde{\alpha}k_{\mathrm{B}}\tilde{T}}{\gamma m}},$$
$$\tilde{T} = \frac{T}{1-I_{\mathrm{s}}/I_{\mathrm{sc}}}. \tag{9.43}$$

其中，$I_{\mathrm{sc}}=\alpha mH$ 是不稳定性临界的自旋电流。如果 $0<I_{\mathrm{s}}<I_{\mathrm{sc}}$，则电流 I_{s} 增加有效温度，而如果 $I_{\mathrm{s}}<0$，则减小有效温度。临界 I_{sc} 对应于 $\tilde{T}$ 的奇点，与不稳定性相符。这个虚温度的概念，尽管很粗糙，只适用于在简单外磁场引起的势中的宏观自旋系统，但很直观。它描述了在引入自旋扭力的情况下，热分布的宏观自旋态的变化。它还对在薄膜几何下，包括如磁畴壁那样的磁各向异性时自旋扭力引起的激发过程给出了一些概念性的指导。

9.4 开关速度和宏观自旋在自旋扭力下的动力学的简单模型

在有限温度 T 下，假定初始磁化在 z 方向，它有一定的概率分布，

$$P(\theta,\varphi;t) = P(\theta) = P_0 \exp\left[-\frac{U(\theta)}{k_B T}\right]$$
$$U(\theta) = \left(\frac{1}{2}\right) m H_k \sin^2\theta = E_b \sin^2\theta. \tag{9.44}$$

其中，$E_b=mH_k/2$ 代表势垒高度，H_k 是内部单轴各向异性场。$P(\theta)$ 满足归一化条件，

$$\int_0^\pi P(\theta)\sin\theta d\theta = 1. \tag{9.45}$$

令 $\xi = E_b/k_B T$，则式 (9.45) 可写为

$$\int_0^\pi P(\theta)\sin\theta d\theta = P_0\int_0^\pi e^{-\xi\sin^2\theta}\sin\theta d\theta. \tag{9.46}$$

因为初始分布 P 主要集中在 $\theta=0$ 附近，所以 $\sin\theta\approx\theta$，积分上限可以取为 ∞，式 (9.46) 中的积分可以写为

$$P_0\int_0^\infty e^{-\xi\theta^2}\theta d\theta = P_0\frac{1}{2\xi} = 1. \tag{9.47}$$

得出 $P_0=2\xi$。

磁矩的系综平均，$\boldsymbol{m} = m\cos\theta \boldsymbol{e}_z + m\sin\theta \boldsymbol{e}_\perp$，其中第 2 项垂直分量对 ϕ 的平均为 0，第 1 项的平均为

$$\langle\boldsymbol{m}\rangle = P_0\int_0^\infty e^{-\xi\theta^2}\left(1-\frac{\theta^2}{2}\right)\theta d\theta \boldsymbol{e}_z = \left(1 - P_0\cdot\frac{1}{2}\cdot\frac{1}{2\xi^2}\right)\boldsymbol{e}_z = \left(1-\frac{1}{2\xi}\right)\boldsymbol{e}_z. \tag{9.48}$$

由式 (9.48) 可见，温度越高，$\langle\boldsymbol{m}\rangle$ 就越小。

用这种方法可以计算各种物理量的系综平均值，如磁矩的极向角 θ、开关时间 τ 等。

$$\langle\theta\rangle \approx P_0\int_0^\infty e^{-\xi\theta^2}\theta^2 d\theta = 2\xi\cdot\frac{1}{4\xi}\sqrt{\frac{\pi}{\xi}} = \sqrt{\frac{\pi}{4\xi}}. \tag{9.49}$$

开关时间定义为在自旋极化电流 $I>I_c$ 驱动下，磁矩的极向角 θ 由小的初始值变到 $\pi/2$ 所需的时间，在文献 [6] 中解析得出

$$\tau \approx \frac{\tau_0}{(I/I_c-1)}\ln\left(\frac{\pi}{2\theta_0}\right), \tag{9.50}$$

其中，I_c 和 τ_0 分别由式 (9.37) 和式 (9.38) 给出，θ_0 是磁矩的初始值。τ 的系综平均值为

$$\langle \tau \rangle = \tau_I \int_0^\infty \ln\left(\frac{\pi}{2\theta}\right) \mathrm{e}^{-\xi\theta^2}\theta\mathrm{d}\theta, \quad \tau_I = \frac{\tau_0}{I/I_c - 1}. \tag{9.51}$$

令 $\xi\theta^2 = \gamma$，$\ln\gamma = \ln\xi + 2\ln\theta$，$\ln(\pi/2\theta) = \ln(\pi/2) - \ln\theta$。将以上各式代入式 (9.51)，得到

$$\begin{aligned}
\langle \tau \rangle &= \frac{\tau_I}{2\xi} \int_0^\infty \left[\ln\left(\frac{\pi}{2}\right) - \frac{1}{2}\left(\ln\gamma - \ln\xi\right)\right] \mathrm{e}^{-\gamma}\mathrm{d}\gamma \\
&= \frac{\tau_I}{2\xi}\left[\ln\left(\frac{\pi}{2}\right) + \frac{1}{2}\left(\ln\xi + C\right)\right], \quad C = -\int_0^\infty \ln\gamma\,\mathrm{e}^{-\gamma}\mathrm{d}\gamma = 0.57722. \tag{9.52}
\end{aligned}$$

这个结果与文献 [6] 中 1365 页的方程 (48) 不同，那里的结果是

$$\langle \tau \rangle \approx \frac{1}{2}\ln\left(\frac{\pi}{2}\right)\tau_I\left(\ln\xi + C\right).$$

仅列出作为参考。

开关时间 τ 的分布 $D(\tau)$ 由 $D(\tau)\mathrm{d}\tau = P(\theta)\sin\theta\mathrm{d}\theta$ 定义，由式 (9.50)，

$$\begin{aligned}
\mathrm{d}\tau &= -\tau_I \frac{\mathrm{d}\theta}{\theta}, \\
\frac{\pi}{2\theta} &= \mathrm{e}^{\tau/\tau_I}, \quad \frac{1}{\theta} = \frac{2}{\pi}\mathrm{e}^{\tau/\tau_I}, \\
D(\tau)\mathrm{d}\tau &= D(\tau)\left[-\tau_I\frac{2}{\pi}\mathrm{e}^{\tau/\tau_I}\mathrm{d}\theta\right] = 2\xi\mathrm{e}^{-\xi\theta^2}\theta\mathrm{d}\theta \\
&= 2\xi\exp\left[-\xi\left(\frac{\pi}{2}\right)^2\mathrm{e}^{-2\tau/\tau_I}\right] \cdot \frac{\pi}{2}\mathrm{e}^{-\tau/\tau_I}\mathrm{d}\theta, \\
D(\tau) &= -\frac{\pi^2}{2\tau_I}\xi\exp\left[-\xi\left(\frac{\pi}{2}\right)^2\mathrm{e}^{-2\tau/\tau_I} - \frac{2\tau}{\tau_I}\right]. \tag{9.53}
\end{aligned}$$

$D(\tau)$ 有一个极大值，由式 (9.53) 可以求得极大值位于

$$\tau_{\mathrm{pk}} = \left(\frac{\tau_I}{2}\right)\ln\left(\frac{\pi^2\xi}{4}\right). \tag{9.54}$$

温度越高，τ_{pk} 越小。当对数的宗量小于 1 时，τ_{pk} 就要变成负值，因此要求

$$\frac{\pi^2}{4}\xi \geqslant 1, \quad k_{\mathrm{B}}T \leqslant \frac{\pi^2}{4}E_{\mathrm{B}}. \tag{9.55}$$

将式 (9.54) 代入式 (9.53)，就得到 $D(\tau)$ 的极值，

$$D(\tau_{\mathrm{pk}}) = \left(\frac{2}{e}\right)\left(\frac{1}{\tau_I}\right). \tag{9.56}$$

因此 $D(\tau_{\mathrm{pk}})$ 与 ξ 无关。由式 (9.53) 可见，$D(\tau)$ 随 τ 衰减，时间常数为 $\tau_I/2$。

在时刻 t 结没有开关的概率,

$$E_r(t) = 1 - \int_0^t D(\tau)\,\mathrm{d}\tau$$

$$D(\tau)\,\mathrm{d}\tau = \frac{\pi^2}{2\tau_I}\xi\exp\left[-\frac{\pi^2}{4}\xi\exp\left(-\frac{2\tau}{\tau_I}\right)\right]\cdot\exp\left(-\frac{2\tau}{\tau_I}\right)\mathrm{d}\tau$$

$$= \frac{\pi^2}{2\tau_I}\xi\exp\left[-\frac{\pi^2}{4}\xi\exp\left(-\frac{2\tau}{\tau_I}\right)\right]\cdot\mathrm{d}\left[\exp\left(-\frac{2\tau}{\tau_I}\right)\right]\left(-\frac{\tau_I}{2}\right). \quad (9.57)$$

令 $y = \exp(-2\tau/\tau_I)$,y 的积分限是 1 到 $y_1 = \exp(-2t/\tau_I)$,因此

$$D(\tau)\,\mathrm{d}\tau = -\frac{\pi^2}{4}\xi\exp\left(-\frac{\pi^2}{4}\xi y\right)\mathrm{d}y,$$

$$\int_0^t D(\tau)\,\mathrm{d}\tau = \frac{\pi^2}{4}\xi\int_{y_1}^1\exp\left[-\frac{\pi^2}{4}\xi y\right]\mathrm{d}y = \frac{\pi^2}{4}\xi\left(\frac{4}{\pi^2\xi}\right)\exp\left[-\frac{\pi^2}{4}\xi y\right]_1^{y_1}$$

$$= \exp\left[-\frac{\pi^2}{4}\xi\cdot\exp\left(-\frac{2t}{\tau_I}\right)\right] - \exp\left(-\frac{\pi^2}{4}\xi\right). \quad (9.58)$$

代入式 (9.55),得到

$$E_r(t) = 1 - \exp\left[-\frac{\pi^2}{4}\xi\cdot\exp\left(-\frac{2t}{\tau_I}\right)\right] + O\left[\exp\left(-\frac{\pi^2}{4}\xi\right)\right]. \quad (9.59)$$

在 $t\gg\tau_I$ 的极限下,

$$E_r(t) \approx \left(\frac{\pi^2\xi}{4}\right)\exp\left(-\frac{2t}{\tau_I}\right) + O\left[\exp\left(-\frac{\pi^2\xi}{4}\right)\right]. \quad (9.60)$$

$E_r(t)$ 随时间呈指数衰减,初始角 θ_0 的影响只包含在第 2 项中,影响很小。

方程 (9.58) 可看作开关临界电流 I 的概率分布函数,只要固定 t,将 τ_I 的表示式 (9.51) 代入式 (9.58),

$$E_r(t) \approx \left(\frac{\pi^2\xi}{4}\right)\exp\left[-\frac{2t}{\tau}\left(\frac{I}{I_c}-1\right)\right] + \exp\left(-\frac{\pi^2\xi}{4}\right). \quad (9.61)$$

固定时间 t,不开关的概率随电流增加而呈指数减小。

将这个简单模型与福克尔–普朗克方程的计算结果图 9.1 相比较,两者是一致的。在图 9.1 中,概率的指数衰减因子 $\lambda_1\tau_0$ 与 (I/I_c-1) 呈线性关系,而与 ξ 关系不大。

9.5 自旋扭力放大的热激发

在 $I\ll I_c$ 的极限和有限温度下,宏观自旋有一定概率被激发越过单轴势垒的顶而改变方向。这个过程是由自旋扭力辅助的热激活控制的。宏观自旋在一个单轴

势阱中没有自旋扭力而被热激活的反转是已知的 [7]。它给出一个反转时间,

$$\tau = \tau_A \exp\left[\xi\left(1 - \frac{H}{H_k}\right)^2\right], \quad \tau_A \approx \frac{\pi\hbar}{\mu_B H_k}, \tag{9.62}$$

其中,τ_A 是在单轴势阱中特征频率的倒数,取 $H_k = 10^4 \text{A/m}$,估计 τ_A 的数量级:

$$\tau_A = \frac{\pi \times 1.0544 \times 10^{-34} \text{V} \cdot \text{A} \cdot \text{s}^2}{1.165 \times 10^{-29} \text{V} \cdot \text{ms} \times 10^4 \text{A/m}} = 2.8433 \text{ns}.$$

类似于式 (9.59),引入自旋电流 I 的效应,则式 (9.62) 可写为

$$\tau = \tau_A \exp\left[\xi\left(1 - \frac{H}{H_k}\right)^2\left(1 - \frac{I}{I_c}\right)\right]. \tag{9.63}$$

加自旋扭力以后 $(I \ll I_c)$,在长时间的极限下没有开关的概率为

$$E_r(t) = \exp\left\{-\left(\frac{t}{\tau_A}\right)\exp\left[-\xi\left(1 - \frac{I}{I_c}\right)\right]\right\}. \tag{9.64}$$

9.6   应   用

自旋扭力提供了一种用自旋极化电流来调控纳米尺寸的铁磁体的有效手段。很早大家都承认这种效应可能用于以磁性为基的全固体存储器。这种存储器称为磁随机存储器 (magnetic random-access memory, MRAM),它在一些要求快速、非挥发和抗辐射存储器的特殊应用中已经发展多年。第一代 MRAM 利用电流产生磁场来写入磁比特,但是当比特尺寸变小时对磁场的总量要求增加了。这个技术一般认为当磁比特的尺寸小于 100nm 时就不合适了,因为写入电流就非常大,不随着半导体尺度变小而下降。自旋扭力提供了另一种写入小磁比特的有效手段,就是利用自旋极化电流,它能够随着器件尺寸变小而减小。器件尺寸能小到几十纳米甚至更小,最后达到势垒极大所允许的电流密度。

自旋扭力引起的磁振荡发生在微波频率,已经被探讨利用在电路之间的短距离通信的紧凑和可调的微波源上。自旋扭力还是基于 MTJ 或自旋阀的磁场传感器作用中的一个力,如用作磁硬盘读出器。那些器件中的噪声和动力学特性受自旋扭力影响。最近的讨论已经扩展到自旋流的可控磁器件,如逻辑门单元,在某些应用方面它可以比 CMOS 还方便,如功率耗散和中间逻辑态的非挥发性等。

可开关的自旋扭力磁隧道结作为存储器件:

一个两端的结,具有 2 个或更多的稳态,可以用可控的偏置电流 (或电压) 加以开关,就构成了一个存储器单元。为了使这种单元在先进的 CMOS 回路环境中

有效地工作，要求两端器件的电阻抗和信号摆动与 CMOS 晶体管基的回路匹配，发现了 MgO 基的磁隧道结，它具有超过 100% 的磁阻，就满足这个要求。这种存储器应用的最简单回路单元具有电流–电压特性，显示了低阻 (P) 和高阻 (AP) 态，以及两个态之间的开关临界。τ_{SW} 是开关时间，热噪声引起精确开关时间的涨落，它具有确定的概率分布。图 9.6(c) 是当 $I > I_{\mathrm{c}}$ 时，开关时间 τ_{SW} 随驱动电流 I (或电压) 增加而减小。图 9.6(d) 是平均开关速度 $1/\tau_{\mathrm{SW}}$ 对偏置电流 I 的关系，当 $I > I_{\mathrm{c}}$ 时，开关速度与 I 呈线性关系，如式 (9.50)，在 t 时刻不开关的概率为式 (9.59)。当 $I < I_{\mathrm{c}}$ 时，τ_{SW} 由式 (9.63) 给出，在 t 时刻不开关的概率为式 (9.64)。

由式 (9.37)，开关临界电流为

$$I_{\mathrm{c}} = \left(\frac{4e}{\hbar}\right)\left(\frac{\alpha}{\tilde{\eta}}\right) E_{\mathrm{b}}, \quad E_{\mathrm{b}} = \frac{mH_{\mathrm{k}}}{2}, \tag{9.65}$$

其中，E_{b} 是单轴各向异性势垒高度；α 是阻尼因子；$\tilde{\eta}$ 是电流自旋极化度。取 $\alpha = 0.02$，$\tilde{\eta} = 1$，$E_{\mathrm{b}} = 60 k_{\mathrm{B}}T$，$T = 300\mathrm{K}$，计算式 (9.65)，

$$E_{\mathrm{b}} = 60 k_{\mathrm{B}}T = 60 \times 4.1413 \times 10^{-21}\mathrm{V \cdot A \cdot s} = 2.4848 \times 10^{-19}\mathrm{V \cdot A \cdot s},$$

$$I_{\mathrm{c}} = \frac{2 \times 0.02 \times 2.4848 \times 10^{-19}\mathrm{V \cdot A \cdot s}}{3.278 \times 10^{-16}\mathrm{V \cdot s}} = 3.032 \times 10^{-5}\mathrm{A} = 30.32\mu\mathrm{A}.$$

对于实际的器件，它的尺寸大于 30nm，甚至更大，I_{c} 值远大于 30μA。30μA 是理论上宏观自旋的临界电流值，因此这与有限大小器件的非宏观自旋行为有关。

式 (9.65) 给出了一个最小的写入电流，与结的大小无关，如果保持相同的资料保存时间或 E_{b}，这可能是自旋扭力基 MRAM 比特尺寸的最终限制因素。给出隧道势垒电流密度损坏极限大约为 $10^7\mathrm{A/cm}^2$，可以期望结的尺寸减小到 10~20nm，高于临界电流，在写入电流和写入速度之间有一个交替选择。写入电流 I_{w} 和写入时间 τ_{w} 的乘积服从一个简单的守恒关系：

$$(I_{\mathrm{w}} - I_{\mathrm{c}})\,\tau_{\mathrm{w}} \approx \left(\frac{m}{\mu_{\mathrm{B}}}\right)\left(\frac{e}{\tilde{\eta}}\right)\kappa. \tag{9.66}$$

它反映了自旋扭力开关过程中角动量守恒。数值因子 κ 描述了概率分布形状的细节。如果 τ_{w} 定义为以时间的开关概率峰值，$\kappa = 1/2$。

由式 (9.66) 可见，如果能减小磁矩 m，就能减小开关时间 τ_{w}，而 m 与器件的体积、结比特的体积成正比。对一个典型的侧向尺寸为 50~100nm 的结，

$$(I_{\mathrm{w}} - I_{\mathrm{c}})\,\tau_{\mathrm{w}} \approx (0.1 - 1) \times 10^{-12}\mathrm{C}.$$

如果取 $m = 1.374 \times 10^{-23}\mathrm{V \cdot s \cdot m}$ (见式 (9.33))，$\tilde{\eta} = 1$，$\kappa = 1/2$，则

$$(I_{\mathrm{w}} - I_{\mathrm{c}})\,\tau_{\mathrm{w}} = \frac{1.374 \times 10^{-23}\mathrm{V \cdot s \cdot m}}{1.165 \times 10^{-29}\mathrm{V \cdot s \cdot m}} \times 1.602 \times 10^{-19}\mathrm{C} \cdot \frac{1}{2} = 0.9447 \times 10^{-13}\mathrm{C}.$$

参 考 文 献

[1]　Sun J, Robertazzi R P, Nowak J, et al. Phys. Rev. B, 2011, 84: 064413.

[2]　Sun J Z. Physical Principles of Spin Torque, in Handbook of Spintronics, Eds. Y. B. Xu, D. D. Awschalom, J. Nitta, Springer, 2016, IV: 1339, 1361.

[3]　He J, Sun J Z, Zhang S. J. Appl. Phys., 2007, 101: 09A501.

[4]　Wang Z X, Guo D R. Introduction of Special functions, Peking University Press, Beijing, 2010.

[5]　Xia J B, Wen H Y. Americal J. Phys. & Appl. 2019, 7: 55.

[6]　Sun J Z. Phys. Rev. B, 2000, 62: 570.

[7]　Brown W F. Phys. Rev., 1963, 130: 1677.

《21世纪理论物理及其交叉学科前沿丛书》

已出版书目

(按出版时间排序)